国家出版基金项目
NATIONAL PUBLICATION FOUNDATION

中国自然保护区
生态状况调查

自然中国志

梅里雪山

彭建生

主编

湖南科学技术出版社

·长沙·

总序

    自然拥有广阔的天地和亿万生灵，构成各种各样的生态环境。人类生存在自然的怀抱中，依赖自然的养育，接受自然的洗礼，其命运与自然紧紧地联系在一起。随着人类的发展和社会的进步，人们越来越感到生态环境对于人类生存至关重要，保护生态环境，与自然和谐共处，是人类必须采取的行为和取向。

    中国幅员辽阔，人口众多，自然资源丰富，生态环境多种多样，占世界 10% 的植物物种和 13% 的动物物种分布在这块疆域上。把生态文明建设作为国策，凸显了我们为人类生存赋予的责任和担当。要保护生态环境，合理开发利用自然资源，就要深入了解自然资源和生态环境的特点与属性，掌握其科学内涵及存在价值。

    中国国家地理·图书发起的"中国自然保护区生态状况调查"项目，就是这样一个以中国重点自然保护区为目标的科学考察、科学研究和科学普及行动。他们选择了最具重要性、独特性和代表性的保护区和自然景观，从三江源的雪山圣湖到秦岭的四大国宝，从高黎贡山的高山深谷到阿尔金山的茫茫戈壁，从弄岗的石山森林到医巫闾山的漫山油松……处处都是神秘的仙境、圣境，大自然的瑰宝，汇成了一部丰富多彩的《中国自然保护区生态状况调查·自然中国志》。书中通过珍贵的资料、精美的图片、生动的语言，把一些人迹罕至的地方，描绘得淋漓尽致、精彩绝伦，有许多动物、植物和自然景观是鲜为人知、鲜为人见的，给人以美的享受、艺术的熏陶，令人惊叹，令人心驰神往。

    这套自然中国志，汇聚了 15 卷，每卷代表一个地区，每个地区有每个地区的特色，即使有些地方你未曾到过，读后也有身临其境的感觉，既长见识，也长学识；不管你是休闲消遣，还是学习研究，都会从中受益。这些地方我几乎都到过，但由于观察的角度不同，从这套出版物中还是能发现许多新的精彩，感受许多新的东西。中国的大自然太美了，美的地方也太多了，期望《中国自然保护区生态状况调查·自然中国志》早日面世，让读者早日欣赏。同时也希望中国国家地理在完成这 15 卷之后，继续做下去，使《中国自然保护区生态状况调查·自然中国志》成为美丽中国的宝典。

中国科学院院士

国家林草局：世界遗产中国专家委员会　主任

人与生物圈国家委员会：第一届人与生物圈自然教育指导委员会　委员

序

梅里雪山在藏语中被称为"太子雪山",指的是怒山山脉德钦县境内这一段。主峰卡瓦格博峰是云南省最高的山峰(海拔6740米),藏语全称是"绒赞念青卡瓦格博"。"绒"是干热河谷;"赞"是很厉害的山神;"念青"是指有大德高僧闭关修行过的地方;"卡"是雪;"格博"是白色的意思。所以这个名称翻译过来就是:干热河谷里有大德高僧加持过的白色雪山。

从地名里我们可以发现有一点矛盾的地方——干热河谷和白色雪山。从生态学的角度看,卡瓦格博峰集"冷"和"热"于一身,这在全球范围来讲都是非常罕见的。卡瓦格博峰下的明永冰川,名字也很有意思:"明永"是火炉的意思,也就是火炉之上的冰川!同样印证了这一区域神奇、独特的地理特征。

我们可以从三个维度去理解这片神奇的土地。

维度一:梅里雪山主峰卡瓦格博峰海拔达6740米,而它脚下的澜沧江海拔仅2020米,相对高差4720米。巨大的海拔梯度孕育出不同的气候类型,不同的气候条件催生出不同的植被带,独特的地理环境与丰富的植被带谱使该地区成为全世界生态系统保持最完整、生物多样性最丰富的地区之一。

维度二:在自然历史的长河中,这里成为第四纪冰期许多古老生物的避难所,保留了众多古热带区系的孑遗物种。在300万年里,这些古老的物种在此繁衍生息,又演化出许多新的物种,所以这个区域是众多高山物种的分布和分化中心,有许多珍稀古特有种。

维度三:第四纪冰期过后,在此繁衍的古老物种开始往外扩散,呈南北走向的澜沧江与怒山山脉(北段为梅里雪山,南段为碧罗雪山)成为寒冷的北部物种南下、南部热带物种北上的重要通道。

鉴于这样特殊的地理位置与自然造化,这里成为了"三江并流"世界自然遗产地。加上藏民独特的神山文化对环境的尊重和保护,这里的生态环境与生物多样性都得到了完好的保存。为了向公众展示这个神秘区域丰富多彩的环境和物种,我们将本土生态摄影师长期以来拍摄到的梅里雪山地区的生物、自然环境结集成书,献给热爱自然、尊重自然、保护自然的读者朋友们。

彭建生

2022年8月12日

Catalogue

目录

01

Mysterious Land

秘境 · 001

02

Great Diversity

多样 · 015

01

一

秘
境

Mysterious
Land

秘境

1 地质历史

　　梅里雪山的诞生，源于青藏高原地形地貌的剧烈演化过程。3.8 亿 ~ 2.2 亿年前，梅里雪山及其所在的横断山脉乃至青藏高原，还沉于名为"特提斯海"的古海洋深处。

　　距今约 2.2 亿年前的三叠纪末期，澜沧江主洋（位于如今梅里雪山东侧的澜沧江断裂带上）受到冈瓦纳大陆分离出的次陆块的扩张作用，逐渐闭合形成一条古板块缝合带。板块间的碰撞挤压，最终形成了一条由多条山脉拼接组合而成的巨型复合造山带——古特提斯造山带。陆地浮出水面，诞生了横断山巨型复合造山带的雏形。

　　大约 6500 万年前，印度板块由南向北撞上亚欧板块，使青藏高原整体向上抬升。这样的碰撞在塑造了喜马拉雅山脉的同时，板块物质也沿东西方向被挤出。而亚欧大陆东侧未受到直接撞击的部分，因没有同步向北运动而滞后，原来接近东西向的大陆被强行扭曲，发生约 90° 的顺时针旋转，形成一系列近南北向的

遥望梅里雪山　摄 / 林森

剪切断裂带。同时，东面的扬子地块向西挤压，导致地壳紧缩并产生巨大的褶皱，初步形成南北走向的四山（大小雪山、云岭、怒山、高黎贡山）夹三江（金沙江、澜沧江、怒江）的滇西北地质奇观。

在距今 2300 万～ 500 万年的中新世，青藏高原海拔约 2000 米。中更新世（距今 160 万～ 115 万年）之后，由于印度板块向亚欧板块的挤压幅度加剧，东面的太平洋板块也在推动扬子板块向西推挤，使青藏高原地区处于一种"三面围堵"的态势，并强烈加速了其整体的隆升，周围江河则顺势向下深切，逐渐形成了青藏高原周边的大江深谷。梅里雪山也是在这个时期，与青藏高原一起初具雏形。

260 万年前的第四纪冰期，梅里雪山孕育出了大规模的山岳冰川。其中最后一次冰期在中国被称为"大理冰期"，开始于约 11 万年前，结束于 1 万年前。冰期时，梅里雪山的冰雪覆盖范围远比现在大得多。1 万年以来，地球气候变暖，冰川开始退缩，山峰平缓的外壳被冰川剥蚀，山体被划出一道道高深宽阔的"U"形谷，一座座山峰开始变得陡峭。

近几十年来，青藏高原正以两倍于全球平均水平的升温率进一步暖化，而梅里地区更是以高于高原平均水平的升温率加速暖化，伴随这个过程，梅里雪山的地貌、冰川和湖泊继续着不断演化发展的步伐。

将军峰　摄 / 林森

2　地貌特征

在区域地质演化过程中，受印度板块、亚欧板块和扬子板块的夹击和挤压，再加上流水、冰雪和风力等外应力的刻蚀雕凿，塑造出今天梅里雪山高山耸立、河谷深切、结构复杂、地形垂直且高差巨大的高山地貌。

梅里雪山区域最低海拔为 1709 米，最高海拔为 6740 米，平均海拔为 3883 米。海拔 2000 米以下、2000 ~ 3000 米、3000 ~ 4000 米、4000 ~ 5000 米、5000 ~ 6000 米、6000 米以上区域分别占总面积的 0.99%、15.34%、36.25%、39.34%、7.69% 和 0.39%。梅里雪山大部分区域分布在海拔 3000 ~ 5000 米，而海拔 2000 米以下区域主要分布在怒江和澜沧江河谷地带，海拔 6000 米以上区域主要分布在卡瓦格博、乃日顶卡和措

归腊卡雪山顶部。

梅里雪山区域内地形起伏大，平均地形坡度为 34°，最大坡度为 83°。其中，坡度小于 15°，坡度范围在 15° ~ 30°、30° ~ 45°、45° ~ 60°、60° ~ 75°，以及坡度大于 75° 的区域面积占比分别为 6.51%、26.6%、50.36%、15.22%、1.30% 和 0.008%，半数区域的地形坡度在 30° ~ 45° 之间。

2.1 冰川

梅里雪山冰川的发育，主要受印度洋西南季风影响。除了怒江和澜沧江这两条水气通道外，由于梅里雪山的海拔超过怒江以西的高黎贡山（海拔 4000 ~ 5000 米），故可以直接接收到印度洋西南季风从孟加拉湾带来的大量暖湿气流，同时还会受到自北而来的青藏高原干冷气流的侵入，因而形成了充沛的降水和降

女神峰　摄/林森

明永冰川 摄 / 林森

雪，为梅里雪山形成中国低纬度、低海拔最大的海洋冰川群创造了条件。

根据中国第二次冰川编目成果，梅里雪山共有 55 条冰川，总面积为 128.54 平方千米。其中，面积大于 5 平方千米的冰川有 6 条，占区域冰川总面积的 49.96%；面积在 1 平方千米到 5 平方千米之间的冰川有 28 条，占区域冰川总面积的 42.75%；面积小于 1 平方千米的冰川有 21 条，占区域冰川总面积的 7.26%。面积排名前六的冰川分别是甲应冰川、曲那通冰川、明永冰川、斯农冰川、奶日顶卡冰川和措归腊卡冰川，约占梅里雪山总面积的一半，均分布在海拔 3000 米以上区域，其中甲应冰川、曲那通冰川和明永冰川均发源于最高峰卡瓦格博峰。明永冰川末端最低海拔 2600 米，是中国冰舌下延最低的现代冰川，也是世界罕见的低纬度低海

斯农冰川　摄 / 林森

拔流动性冰川。

2.2 湖泊

　　梅里雪山的冰川因其低纬度和低海拔而独具特色且引人注目，但这里的湖泊却因数量少、面积小而鲜为人知。

　　整个雪山分布区可计为湖泊的水体有当才错、许东错、措归湖和甲应冰湖，面积分别为

10.33 万平方米、2.48 万平方米、2426 平方米和1987 平方米。

　　从成因的角度看，区域内的湖泊均为冰川侵蚀而成的洼坑和冰碛物堵塞冰川槽谷积水而成，但这 4 个湖泊所处的演化阶段或成熟度不一样。

　　成熟度最高的是位于梅里雪山卡瓦格博曲那通冰川以南的当才错，湖面平均高程为 4545米，水域面积最大，深度最深，外流水量较大。

湖盆三面为峭壁,整体呈半圆形剧场形状或圆椅状,属于典型的冰川侵蚀形成的冰斗湖。该湖的主要补给水源为积雪融水。因地势险峻,周边无高山牧场,当才错以往只有十多千米外的崩嘎村、阿丙村的村民知晓,曾抵达此湖的不过寥寥数人。

许东错位于纳松秋根以西的冰川西侧冰舌末端,是由冰碛物阻塞形成的终碛堰塞湖,湖面平均高程为 3908 米,在 4 个湖泊中海拔最低,由于气候相对温暖湿润,且受冰川退缩影响,湖泊周边植被生长茂盛。

位于措归冰川西北侧冰舌部位的措归湖同样为典型的冰碛堰塞湖,相邻的两个湖泊一个在冰川退却后的山林间,一个直接与冰舌前沿相连,所以成熟度相对较低。湖面平均高程为 4029 米,湖泊东西两侧植被生长茂盛。

甲应冰湖为甲应冰川西侧冰舌冰碛物堆积挤压以及南侧溪流溶蚀形成的非典型冰碛堰塞湖,成熟度非常低,湖面平均高程为 3920 米,水体周围同样被植被所围。

2.3 未来

放到整个青藏高原来看,梅里雪山的冰川分布规模不算大,但因其特殊的地理位置(低纬度、低海拔的海洋性冰川)以及物理特征(稳定性系数小),在气候变暖背景下表现为明显消退和剧烈物质亏损,该地区也成为近 60 年来高原上冰川退缩最为强烈的地区。

最新研究成果表明,未来 30 年,青藏高原暖湿化进程将会持续,在这一发展过程中,梅里雪山的 55 条冰川将会发生什么变化,有多少条冰川能够幸存,与它们相依存的湖泊会如何演化?这些问题值得持续关注、观测并记录。

3 气候特点

梅里雪山地区属于高原性寒温带山地季风气候,根据德钦县气象记录,德钦县城及附近地区年均温 4.7 摄氏度,最热月(7 月)平均气温 11.7 摄氏度;最冷月(1 月)平均气温零下 3.1 摄氏度。年均降雨量约 650 毫米。由于这里有南北走向的深切河谷,加之受较低纬度和巨大垂直高差的双重影响,气候垂直变化显著。梅里雪山地区较典型的气候特征是:降雨(降雪)主要集中在海拔约 3000 米以上的亚高山和高山地带,属于寒温带、亚寒带或寒带气候;在海拔 2700 米以下的地段则少雨干旱,属于北亚热带或南温带气候,特别是近澜沧江畔的河谷地带,降雨稀少,植被多为干暖性河谷灌丛。

4 动植物

梅里雪山是印度板块与亚欧板块相互碰撞引起的喜马拉雅造山运动的产物,是世界上压缩最紧、挤压最窄的巨型复合造山带。造山运动使其成为青藏高原东南缘最高的山峰,相对高差巨大,气候带与生物带谱十分明晰。

从海拔 6740 米的卡瓦格博峰顶到 2020 米的澜沧江面,相对高差达 4720 米,从低到高分属 6 个气候带:(北)亚热带、暖温带、温带、寒温带、亚寒带、寒带,植被类型也相应分布有(北)亚热带干暖河谷植被(海拔 2000～2600 米)、

冰川冲击迹地　摄／林森

玛兵扎堆吾学峰　摄／林森

梅里雪山脚下的旷世桃园——雨崩村　摄／林森

温性针阔混交林带（海拔 2600 ~ 2800 米）、硬叶常绿阔叶林带（海拔 2800 ~ 3100 米的阳坡）、暖性针叶林带（海拔 2800 ~ 3100 米的阴坡）、寒温性针叶林带（海拔 3100 ~ 3800 米）、亚高山灌丛带（海拔 3800 ~ 4000 米）、高山复合体（海拔 4000 米以上）等垂直生态系列。

梅里雪山这种高山类型的垂直植被分布，相当于集合了北半球从亚热带到极地水平分布的植被类型。又由于梅里雪山所处的特殊地理位置与其地质变迁史，使梅里雪山成为南北植物进退的通道及交汇区，新的物种在这里演化、诞生，第四纪冰期又令许多孑遗物种在此幸存，因此梅里雪山保留了众多的古老物种。

梅里雪山有种子植物 2900 多种，是中国生物多样性最丰富的西双版纳地区（4000 余种）的 72%，整个西藏自治区（5000 余种）的 58%。珍稀、古老的物种繁多是梅里雪山地区的一大特色。如起源古老的裸子植物，全世界仅剩下 12 科 200 多种，而梅里雪山地区就有松科、柏科、红豆杉科和麻黄科 4 科共 22 种。这里是全世界高山植物最富集的地区之一，堪称"生物资源宝库"，被誉为"天然的高山花园"。

梅里雪山地区受到重点保护的植被类型包括：生物多样性富集程度极高的暖温性针阔混交林，青藏高原和地中海地区所特有的常绿硬叶阔叶林，珍稀、濒危物种分布频度高的高山复合体，面积广大且以云杉、冷杉为主的寒温性针叶林，澜沧江及其支流的河岸生态系统，水

梅里雪山西坡　摄 / 林森

垂直植被带　摄／林森

生生态系统以及生态极度脆弱的澜沧江沿岸干暖河谷灌丛植被。

梅里雪山的珍稀植物种类丰富，国家级重点保护植物有 15 种，其中一级保护植物有珙桐、南方红豆杉 2 种；二级保护植物有冬虫夏草、松茸菌、油麦吊云杉、金铁锁、澜沧黄杉、重楼、川贝母、梭沙贝母、西藏杓兰、黄花杓兰、褐花杓兰、西南手参、桃儿七、独叶草、大花红景天、四裂红景天、云南红景天、丽江山荆子、光核桃、胡黄连、水母雪兔子、绵头雪兔子等 20 多种。

独特的低纬度冰川雪山、错综复杂的高原地形、四季不分但干湿明显的高原季风气候，使梅里雪山成为野生动物的天堂。梅里雪山国家公园的珍稀动物种类甚多，属国家一级保护动物的有豺、雪豹、云豹、（金钱）豹、林麝、斑尾榛鸡、胡兀鹫、秃鹫、草原雕、金雕、猎隼、黄喉雉鹑、白尾梢虹雉，共 13 种；属国家二级保护动物的有猕猴、小熊猫、水鹿、毛冠鹿、中华斑羚、中华鬣羚、林麝、岩羊、金猫、黑熊、棕熊、狼、赤狐、黄喉貂、豹猫、白马鸡、血雉、勺鸡、红腹角雉、白腹锦鸡、楔尾绿鸠、黑翅鸢、高山兀鹫、松雀鹰、日本松雀鹰、大鵟、普通鵟、喜山鵟、雕鸮、三趾啄木鸟、红隼、大草鹛、大噪鹛、橙翅噪鹛、红嘴相思鸟、黑喉歌鸲、红交嘴雀、西藏山溪鲵、君主绢蝶和大紫胸鹦鹉等 40 余种。

永芝河 摄 / 林森

梅里雪山珍稀植物种类丰富 摄 / 林森

02　一多样

Great
Diversity

梅里雪山地区常见物种索引

　　蘑菇，又称菇、蕈菌等，为大型真菌的俗称，它是可产生大型子实体（菇体、菌体）的一大类真菌群，其主要宏观形态特征可归纳为如下几点：一般蘑菇子实体包含菌盖和菌柄两大部分；菌盖位于子实体上部，为蘑菇的最主要部分，由盖表附属物（纤毛、鳞片、疣等）、菌肉、菌褶或菌管组成；菌柄位于菌盖以下至生长基质，起支撑菌盖和运输养分的作用，外表常有纤毛、鳞片、疣等附属物；部分蘑菇尚有菌环、菌托等结构的分化。

　　菌类的生长过程包括菌丝体生长和子实体生长两个阶段。首先，发育于菌褶或菌管的孢子成熟后飘散在基质中，在适宜的条件下萌发生长形成菌丝体，菌丝体经过一个复杂的生长发育过程，最后产生肉眼可见的子实体。

　　菌类组成复杂，通常可分为40余个目。在梅里雪山地区，我们比较容易观察到的有：盘菌目（羊肚菌）、肉座菌目（虫草）、花耳目（胶角菌）、多孔菌目（硫磺菌、层孔菌）、蘑菇目（松茸、鹅膏）等。

01
—
冬虫夏草
Ophiocordyceps sinensis

肉座菌目　Hypocreales
线虫草科　Ophiocordycipitaceae

特征　虫体似蚕，长 3 ~ 5 厘米，直径 0.3 ~ 0.8 厘米，表面深黄色至黄棕色，有 20 ~ 30 条环纹，近头部环纹较细。子座细长圆柱形，长 4 ~ 7 厘米，直径约 0.3 厘米；表面深棕色至棕褐色，有细纵皱纹，上部稍膨大；质柔韧，断面类白色。

习性　寄生于蝙蝠蛾幼虫上。

环境　海拔 3000 ~ 4000 米的高寒山区，主要生于草原、河谷、草丛中。

02
—
大丛耳
Wynnea gigantea

盘菌目　Pezizales
肉杯菌科　Pezizaceae

特征　子囊盘中到大型，自地下菌核上发生，且有一共同的菌柄，从柄上成丛长出几个到十几个兔耳状的子囊盘，有的有分枝。子囊盘紫褐色至褐色，高 3 ~ 8 厘米，宽 1 ~ 3 厘米。

习性　夏秋季生林中树根旁。

环境　海拔 3100 ~ 3800 米的寒温性针叶林带。

03
—
粘胶角菌
Calocera viscosa

花耳目　Dacrymycetales
花耳科　Dacrymycetaceae

特征　下部偏圆，上部有 2 至 3 叉状分枝，形状似鹿角而得名。高 4 ~ 8 厘米，粗 0.3 ~ 0.6 厘米。颜色鲜艳，为金黄色或橙黄色，往往顶部颜色较深。子实层生于表面。担子呈叉状，淡黄色。孢子光滑，呈椭圆形或肾形。

习性　夏秋季在云杉、冷杉等针叶树的苔藓覆盖的腐木或木桩上成丛或成簇生长。

环境　海拔 3100 ~ 3800 米的寒温性针叶林带。

04
—
铆钉菇（喇叭菌）
Gomphus floccosus

钉菇目　Gomphales
钉菇科　Gomphaceae

特征　菌体高 10 ~ 15 厘米。菌盖直径 8 ~ 10 厘米，表面有橙褐色或红色大鳞片。菌肉厚，白色。菌柄细长，后期内部呈管状。菌褶厚而窄似棱状，在菌柄延生或相互交织。

习性　夏秋季于阔叶树和针叶树混交林中地上单生或群生。

环境　海拔 2600 ~ 2800 米的温性针阔混交林带，海拔 2800 ~ 3100 米的硬叶常绿阔叶林带（阳坡），海拔 2800 ~ 3100 米的暖性针叶林带（阴坡）。

01
—

朱红硫磺菌
Laetiporus sulphureus
var. miniatus

多孔菌目　Polyporales
拟层孔菌科　Fomitopsidaceae

特征　大型真菌，菌盖呈椭圆形或扇形，子实体大，菌盖肉质，扇形至半圆形，有放射状条棱，多数重叠生长，直径可达 30 ～ 40 厘米，单个菌盖 5 ～ 20 厘米，厚1 ～ 2 厘米，表面鲜朱红色或带黄的朱红色。

习性　中、低温型菌类，生于落叶松等针叶树干和栎树等阔叶树干的基部。

环境　海拔 3100 ～ 3800 米的寒温性针叶林带。

02
—

木蹄层孔菌
Fomes fomentarius

多孔菌目　Polyporales
多孔菌科　Polyporaceae

特征　木质，半球形至马蹄形，或呈吊钟形，短径 5 ～ 20 厘米，长径 7 ～ 40厘米，厚约 3 ～ 20 厘米。无柄，侧生。菌盖光滑，无毛，有坚硬的皮壳，鼠灰色、灰褐色至灰黑色，断面黑褐色，有光泽，有明显的同心环棱。

习性　生于白桦、枫、栎及山杨等树木或腐木上。

环境　海拔 3100 ～ 3800 米的寒温性针叶林带。

03
—

巨肉孔菌
Meripilus giganteus

多孔菌目　Polyporales
肉孔菌科　Meripilaceae

特征　菌盖密集覆瓦状，有柄，整丛径可达 35 厘米。单个菌盖半圆形、扇形或匙形，径 5 ～ 12 厘米，厚 1 ～ 3 厘米，表面灰褐色、紫黑色、黄褐色或褐色，半肉质，干后近黑色，有辐射状皱纹，边缘淡黄色，薄而锐，呈波浪状或瓣裂。

习性　夏秋季在以壳斗科为主的阔叶林中的树基部或树桩周围地上丛生。

环境　海拔 2600 ～ 2800 米的温性针阔混交林带，海拔 2800 ～ 3100 米的硬叶常绿阔叶林带（阳坡），海拔 2800 ～ 3100 米的暖性针叶林带（阴坡）。

04
—

群聚金钱菌
Collybia familia

蘑菇目　Agaricales
口蘑科　Tricholomataceae

特征　菌盖直径 2 ～ 5 厘米，扁半球形至平展，蛋壳色至浅褐色，中部色较深；菌肉薄，白色；菌褶密，白色；菌柄长 3 ～ 8 厘米，粗 0.2 ～ 0.5 厘米，淡白色。

习性　夏秋季于阔叶林中枯木上群生或丛生。

环境　海拔 2600 ～ 2800 米的温性针阔混交林带，海拔 2800 ～ 3100 米的硬叶常绿阔叶林带（阳坡），海拔 2800 ～ 3100 米的暖性针叶林带（阴坡）。

01
——

栎金钱菌
Collybia dryophila

蘑菇目　Agaricales
口蘑科　Tricholomataceae

特征　菌盖直径 2.5 ~ 4.5 厘米，幼时半球形，边缘内卷，条纹不明显，后呈扁半球形，表面湿润时光滑或水浸状，呈棕褐色或棕红褐色，中部有时色浅呈乳黄色。菌肉白色或带红色，稍薄，具蘑菇香气味。菌褶带黄色，稍宽，密，弯生至离生，不等长。菌柄柱形，长 3 ~ 6 厘米，粗 0.3 ~ 0.5 厘米，水浸状，顶端稍粗，黄褐色，光滑或有的具细小粉粒，内部松软，基部有白色绒毛。

习性　夏秋生于阔叶或针叶林地上，群生有时近丛生。

环境　海拔 2800 ~ 3100 米的硬叶常绿阔叶林带（阳坡），海拔 2800 ~ 3100 米的暖性针叶林带（阴坡），海拔 3100 ~ 3800 米的寒温性针叶林带。

02
——

松茸
Tricholoma matsutake

蘑菇目　Agaricales
口蘑科　Tricholomataceae

特征　菌盖幼时半球形，表面具黄褐色至栗色细鳞片，边缘内卷。菌肉白色，厚。菌褶白色或稍带乳黄色，稍密，弯生，不等长。菌柄圆柱形，内实，菌环以上白色，有粉末，菌环以下同盖色，有鲜片。菌环生于柄上部，丝膜状。

习性　秋季生在松林或针、阔叶混交林地上。群生或散生。

环境　海拔 2600 ~ 2800 米的温性针阔混交林带，海拔 2800 ~ 3100 米的硬叶常绿阔叶林带（阳坡），海拔 2800 ~ 3100 米的暖性针叶林带（阴坡），海拔 3100 ~ 3800 米的寒温性针叶林带。

03
——

红蜡蘑
Laccaria laccata

蘑菇目　Agaricales
轴腹菌科　Hydnangiaceae

特征　菌盖直径能达 6 厘米，呈橙色、棕色、橙红色、砖红色等，但随着年龄增加会变暗。其菌盖呈凸面状，但是随着年龄增加会变成扁平状或下陷状。菌褶呈不规则状，颜色与菌盖相同，菌柄高 5 ~ 10 厘米，厚 0.6 ~ 1 厘米，呈棕色、橙色等，且呈纤维状。

习性　春天至秋天的中低海拔阔叶林区。

环境　海拔 2800 ~ 3100 米的硬叶常绿阔叶林带（阳坡），海拔 2800 ~ 3100 米的暖性针叶林带（阴坡），海拔 3100 ~ 3800 米的寒温性针叶林带。

01

02

03a   03b

01
—

洁小菇
Mycena pura

蘑菇目　Agaricales
小菇科　Mycenaceae

特征　菌盖紫色，外围颜色较淡，接近白色，钟形至平展，表面光滑，盖缘具条纹，直径 1.5 ~ 3 厘米。菌肉淡紫色，薄。菌褶直生，淡紫色，有小褶及横脉，褶缘全缘。菌柄淡紫色，圆柱状，表面平滑，中生，中空，长 5 ~ 8 厘米，粗 0.15 ~ 0.3 厘米。

习性　春夏季的中海拔林区。

环境　海拔 2600 ~ 2800 米的温性针阔混交林带，海拔 2800 ~ 3100 米的硬叶常绿阔叶林带（阳坡），海拔 2800 ~ 3100 米的暖性针叶林带（阴坡）。

02
—

发霉小奥德蘑
Oudemansiella mucida

蘑菇目　Agaricales
泡头菌科　Physalacriaceae

特征　菌盖直径 4 ~ 10 厘米，半球形至渐平展，水浸状，黏滑或胶黏，边缘具稀疏而不明显条纹。菌肉白色，软而薄。菌褶白色，略带粉色，直生至弯生，宽且稀，不等长。菌柄长 4 ~ 6 厘米，粗 0.3 ~ 1 厘米，白色，圆柱形，基部膨大带灰褐色，纤维质，内实。

习性　夏秋季生。南方可春冬季在树桩或倒木、腐木上群生或近丛生，有时单生。

环境　海拔 2600 ~ 2800 米的温性针阔混交林带，海拔 2800 ~ 3100 米的硬叶常绿阔叶林带（阳坡），海拔 2800 ~ 3100 米的暖性针叶林带（阴坡）。

03
—

长根菇
Oudemansiella radicata

蘑菇目　Agaricales
泡头菌科　Physalacriaceae

特征　盖宽 2.5 ~ 11.5 厘米，半球形至渐平展，中部凸起或似脐状，并有深色辐射状条纹，浅褐色或深褐色至暗褐色，表面光滑、湿润且黏。菌肉白色，薄。菌褶白色，弯生，较宽而稍密，不等长。菌柄近柱状，长 5 ~ 18 厘米，粗 0.3 ~ 1 厘米，浅褐色，近光滑，有纵条纹。

习性　春至秋季于林中地下埋木上单生、散生或群生。

环境　海拔 2800 ~ 3100 米的暖性针叶林带（阴坡）。

01

02

03

01

浅橙黄鹅膏菌
Amanita hemibapha

蘑菇目　Agaricales
鹅膏科　Amanitaceae

特征　菌盖直径 6 ~ 15 厘米，初期卵圆形、钟形，后期平展，中部有宽的凸起，表面光滑或光亮，湿时黏，边缘有细长条棱。菌肉白黄色，中部稍厚。菌褶浅黄至黄色，离生，稍密，不等长。菌柄长 8 ~ 15 厘米，粗 1 ~ 3 厘米，柱形或上部渐细，同盖色，有深色花纹，内部松软至空心。
习性　夏秋季生阔叶林、针叶林或针阔混交林中地上。
环境　海拔 2600 ~ 2800 米的温性针阔混交林带，海拔 2800 ~ 3100 米的硬叶常绿阔叶林带（阳坡），海拔 2800 ~ 3100 米的暖性针叶林带（阴坡）。

02

李逵鹅膏
Amanita liquii

蘑菇目　Agaricales
鹅膏科　Amanitaceae

特征　菌盖直径 8 ~ 14 厘米，半球形至平展，深褐色至近黑色，边缘具棱纹；菌肉稍厚，白色；菌褶较密，米色至浅灰色，褶缘近黑色至深褐色；菌柄长 10 ~ 15 厘米，粗 1 ~ 3 厘米，白色至浅褐色，外被深灰色至近黑色蛇皮状鳞片。
习性　夏秋季于针叶林或阔叶林中地上单生或散生。
环境　海拔 2800 ~ 3100 米的硬叶常绿阔叶林带（阳坡），海拔 2800 ~ 3100 米的暖性针叶林带（阴坡），海拔 3100 ~ 3800 米的寒温性针叶林带。

03

紧缩花褶伞
Panaeolus sphinctrinus

蘑菇目　Agaricales
斑褶菇属　*Panaeolus*

特征　菌盖直径 2 ~ 4 厘米，初期锥形近卵圆形，后近钟形，顶部稍凸，浅灰褐色或暗灰色，潮湿时色更深，中部暗褐色，表面光滑。菌肉薄，淡灰色。菌褶直生，初期灰色后变黑色，褶沿白色絮状。菌柄细长柱形，顶部灰白色，有条纹，下部带红褐色，长 6 ~ 12 厘米，粗 0.2 ~ 0.3 厘米，内部空心。
习性　春至秋季生于牧场或林中牛、马等动物的粪便上，单个或群生一起。
环境　海拔 2800 ~ 3100 米的硬叶常绿阔叶林带（阳坡），海拔 2800 ~ 3100 米的暖性针叶林带（阴坡），海拔 3100 ~ 3800 米的寒温性针叶林带。

01

02a

02b

03

01
—

柔弱锥盖伞
Conocybe tenera

蘑菇目　Agaricales
粪锈伞科　Bolbitiaceae

特征　子实体细小，脆弱，黄褐色至浅红褐色。菌盖直径一般 1～2 厘米左右，钟形至斗笠形，顶部钝，表面湿润，光滑无毛，中部色深，周围有细条棱。菌肉很薄。菌褶直生，较密，黄褐色至锈色，不等长。菌柄细长，同盖色，易折断，长 7～10 厘米，粗 0.1～0.3 厘米，基部稍膨大，空心。

习性　夏秋季单个或成群生长在林间草地上，路旁草丛中。

环境　海拔 2800～3100 米的硬叶常绿阔叶林带（阳坡），海拔 2800～3100 米的暖性针叶林带（阴坡），海拔 3100～3800 米的寒温性针叶林带

02
—

亚砖红黑韧伞
Naematoloma
sublateritium

蘑菇目　Agaricales
球盖菇科　Strophariaceae

特征　菌盖直径 5～15 厘米，扁半球形，后渐平展，中部深肉桂色至暗红褐色，或近砖红色，有时具裂缝，边缘色渐淡，呈米黄色，光滑，不黏。菌柄长 5～13 厘米，粗 0.5～1.2 厘米，圆柱形，深肉桂色至暗红褐色，上部色较浅，具纤毛状鳞片，质地较坚硬。

习性　秋季于混交林中桦树木桩上丛生。

环境　海拔 2000～2600 米的亚热带干暖河谷。

03
—

苔藓盔孢菇
Galerina hypnorum

蘑菇目　Agaricales
层腹菌科　Hymenogastraceae

特征　菌盖直径 0.5～3 厘米，圆锥形、钟形至斗笠形，边缘具明显条纹，橙黄色至浅黄褐色；菌肉薄，浅黄色；菌褶较稀，同菌盖色；菌柄长 2～5 厘米，粗 0.1～0.3 厘米，上部同菌盖色，基部色稍深。

习性　春夏和夏秋之交于苔藓丛中单生或散生。

环境　海拔 2800～3100 米的硬叶常绿阔叶林带（阳坡），海拔 2800～3100 米的暖性针叶林带（阴坡），海拔 3100～3800 米的寒温性针叶林带。

01

棱柄条孢牛肝菌
Boletellus russellii

牛肝菌目　Boletales
牛肝菌科　Boletaceae

特征　菌盖直径 8 ~ 9 厘米，半球形至中央凸起，边缘内卷表面干燥，有绒毛后呈鳞片状，淡褐黄色或淡粉红色。菌肉带淡黄色，受伤时不变色。菌管直生或在柄周围凹陷，淡绿黄色或橄榄绿色，受伤时不变色。管口大，呈角形，宽 1 ~ 2 毫米。菌柄长 8.5 ~ 10 厘米，粗 1 ~ 2 厘米，圆柱形或向下渐细，常在基部弯曲，内实，红褐色，具粗糙网棱。

习性　夏秋季于阔叶林中地上单生或散生。

环境　海拔 2800 ~ 3100 米的硬叶常绿阔叶林带（阳坡），海拔 2800 ~ 3100 米的暖性针叶林带（阴坡），海拔 3100 ~ 3800 米的寒温性针叶林带。

02

网盖牛肝菌
Boletus reticuloceps

牛肝菌目　Boletales
牛肝菌科　Boletaceae

特征　子实体中等至较大。菌盖半球形至扁半球形，直径 8 ~ 16 厘米，表面干燥，淡白色、红褐色或铜黑色，菌盖布满凹凸纹路。菌肉白色，不变色。柄长 6 ~ 17 厘米，柱形，基部稍膨大，内实，与菌盖同色。

习性　7 ~ 9 月于冷杉、云杉、桦树等林下单生或散生。

环境　海拔 3300 - 4000 米的亚高山暗针叶林下，常与冷杉属和云杉属植物形成共生关系。

03

橙黄疣柄牛肝菌
Leccinum aurantiacum

牛肝菌目　Boletales
牛肝菌科　Boletaceae

特征　菌盖直径 3 ~ 12 厘米，半球形，光滑或微被纤毛，橙红色、橙黄色或近紫红色。菌肉厚，质密，淡白色，后呈淡灰色、淡黄色或淡褐色。菌管直生，稍弯生或近离生，在柄周围凹陷，淡白色，后变污褐色，受伤时变肉色。管口与菌盖同色，圆形，每毫米约 2 个。柄长 5 ~ 12 厘米，粗 1 ~ 2.5 厘米，上下略等粗或基部稍粗。

习性　夏秋季于林中地上单生或散生。

环境　海拔 2800 ~ 3100 米的硬叶常绿阔叶林带（阳坡），海拔 2800 ~ 3100 米的暖性针叶林带（阴坡），海拔 3100 ~ 3800 米的寒温性针叶林带。

04

假糙红牛肝菌
Porphyrellus pseudoscaber

牛肝菌目　Boletales
牛肝菌科　Boletaceae

特征　菌盖直径 4 ~ 14 厘米，表面干，具微细绒毛。菌肉污白，伤变粉红色至暗褐色，初期近菌管处肉白色，较厚，致密。菌管层凹生，至近离生，似盖色，先变蓝色最后变红褐色，管口色较深，每毫米 1 ~ 2 个。菌柄圆柱形，或弯曲，长 6 ~ 20 厘米，粗 1 ~ 2.6 厘米，表面具深色粉状颗粒，内实，基部稍膨大。

习性　夏秋季于云杉、冷杉等针叶林中地上单生或散生。

环境　海拔 2800 ~ 3100 米的硬叶常绿阔叶林带（阳坡），海拔 2800 ~ 3100 米的暖性针叶林带（阴坡），海拔 3100 ~ 3800 米的寒温性针叶林带。

01

04

02a

02b

03a

03b

01

点柄乳牛肝菌
Suillus granulatus

牛肝菌目　Boletales
牛肝菌科　Boletaceae

特征　菌盖直径 5.2 ~ 10 厘米，扁半球形或近扁平，淡黄色或黄褐色，很黏，干后有光泽。菌肉淡黄色。菌管直生或稍延生。菌管角形。菌柄长 3 ~ 10 厘米，粗 0.8 ~ 1.6 厘米，淡黄褐色，顶端偶有约 1 厘米长有网纹。

习性　夏秋季松林及混交林地上散生、群生或丛生。

环境　海拔 2800 ~ 3100 米的硬叶常绿阔叶林带（阳坡 / 阴坡）。

02

伯克利刺孢多孔菌
Bondarzewia berkeleyi

红菇目　Russulales
刺孢多孔菌科　Bondarzewiaceae

特征　菌盖宽 6 ~ 15 厘米，半圆形至扇形，黄白色至浅黄褐色，边缘钝；菌肉较厚，白色；菌管污白色或黄白色；菌柄粗短，侧生，同菌盖色。

习性　夏秋季于林中阔叶树腐木上呈覆瓦状叠生。

环境　海拔 2600 ~ 2800 米的温性针阔混交林带，海拔 2800 ~ 3100 米的硬叶常绿阔叶林带（阳坡），海拔 2800 ~ 3100 米的暖性针叶林带（阴坡）。

03

疣疼乳菇
Lactarius torminosus

红菇目　Russulales
红菇科　Russulaceae

特征　菌盖约有 5 ~ 15 厘米宽，漏斗型至平展，黄褐锈色，具深浅不一的同心环纹，内环较深，覆短粗纤毛。菌肉米色至浅粉红肉色，肉质松脆。菌褶延生，紧密，有小褶，褶缘全缘。菌柄长约 3 ~ 6 厘米，1 ~ 3 厘米粗，中生，中实，米色或与菌盖同色，光滑。

习性　夏秋季于林中地上单生或散生。

环境　海拔 2800 ~ 3100 米的硬叶常绿阔叶林带（阳坡 / 阴坡）。

04

黄孢红菇
Russula xerampelina

红菇目　Russulales
红菇科　Russulaceae

特征　菌盖直径 4 ~ 13 厘米，扁半球形，平展后中部下凹，不黏或湿时稍黏，边缘平滑，老后可有不明显条纹，表皮不易剥离，深褐紫色或暗紫红色，中部色更深。菌肉白色，后变淡黄或黄色。菌褶稍密至稍稀，菌柄长 5 ~ 8 厘米，粗 1.5 ~ 2.6 厘米，中实，后松软。

习性　夏秋季针叶林中地上单生或群生。

环境　海拔 2600 ~ 2800 米的温性针阔混交林带，海拔 2800 ~ 3100 米的硬叶常绿阔叶林带（阳坡 / 阴坡）。

01

02

03

04

01

—

毒红菇
Russula emetica

红菇目　Russulales
红菇科　Russulaceae

特征　菌盖呈红色，平滑而有光泽，直径为 2.5 ~ 8.5 厘米，边缘色淡、有棱纹，菌盖皮易剥离。菌肉、菌褶为白色，味麻辣。光滑的白色菌柄长 4.5 ~ 10.5 厘米、粗 0.7 ~ 2.4 厘米。

习性　生于潮湿林地中，与松树等多种树木形成菌根。

环境　海拔 2800 ~ 3100 米的硬叶常绿阔叶林带（阳坡）。

02

—

臭红菇
Russula foetens

红菇目　Russulales
红菇科　Russulaceae

特征　菌盖直径 7 ~ 10 厘米，扁半球形，平展后中部下凹，中部常为土褐色。菌肉污白色，质脆。菌褶污白至浅黄色，常有深色斑痕，长短一致或有少数短菌褶，弯生或近离生，较厚。菌柄较粗壮，圆柱形，长 3 ~ 9 厘米，粗 1 ~ 2.5 厘米，污白色至淡黄色，老后常出现深色斑痕，内部松软至空心。

习性　夏秋季在松林或阔叶林地上群生或散生。

环境　海拔 2800 ~ 3100 米的硬叶常绿阔叶林带（阳坡）。

03

—

纯黄红菇
Russula lutea

红菇目　Russulales
红菇科　Russulaceae

特征　菌盖宽 3 ~ 9.5 厘米，扁半球形，后平展至下凹，芥末黄至琥珀黄色，黏，无毛，边缘平滑后期有不明显条纹。菌肉白色，薄而脆。味道柔和，无气味。菌褶黄色，等长，少数基部分叉，稍密至稍稀，几乎离生，褶间有横脉。菌柄长 4 ~ 5.5 厘米，粗 0.7 ~ 1.4 厘米，白色，圆柱形，内部松软。

习性　夏秋季阔叶林及针叶林中地上散生或群生。

环境　海拔 2800 ~ 3100 米的硬叶常绿阔叶林带（阳坡／阴坡），海拔 3100 ~ 3800 米的寒温性针叶林带。

04

—

黄白红菇
Russula ochroleuca

红菇目　Russulales
红菇科　Russulaceae

特征　菌盖呈暗黄色或苍黄色，直径 5 ~ 12 厘米。菌盖表面光滑，但边缘随着年龄增加会起皱，且约三分之二的菌盖边缘会剥脱。菌褶呈白色或灰白色，自由下垂或连生。菌柄高 3 ~ 7 厘米，厚 1 ~ 2 厘米，呈圆柱状，白色，但随着年龄增加会变成浅灰色。

习性　夏秋季于阔叶林或针阔混交林地上单生或散生。

环境　海拔 2800 ~ 3100 米的硬叶常绿阔叶林带（阳坡），海拔 2800 ~ 3100 米的暖性针叶林带（阴坡），海拔 3100 ~ 3800 米的寒温性针叶林带。

植物

　　植物是一个很宽泛的概念，包括苔藓植物、蕨类植物、种子植物等，这里我们主要叙述的是种子植物，即能够通过真正的种子（而不是孢子）进行繁殖的植物。种子植物是较为高等的植物，分为裸子植物和被子植物两大类，主要特征是：植物体分为根、茎、叶、花（裸子植物是球花）、果实（裸子植物是球果）、种子六大器官，大多数种类依靠叶绿体的光合作用制造养分。

　　植物是整个生态系统的基础，在食物链中处于生产者的位置，通过光合作用，将太阳能转化为能量，并成为食草动物的能量来源。同时，植物构成了其他动物、微生物的生存环境，为其他生物提供了栖息地。

　　因为植物是一个宽泛的概念，因此分类也比较复杂，不同的分类体系中，类群的数量差异也较大。在梅里雪山地区，我们常看到的类群有：松科（云杉、冷杉）、蓼科（山蓼、苞叶大黄）、毛茛科（铁线莲、驴蹄草）、蔷薇科（蔷薇、委陵菜）、杜鹃花科（杜鹃花、岩须）、报春花科（报春花、点地梅）、菊科（火绒草、风毛菊）等。

01
—

长苞冷杉
Abies georgei

松科　Pinaceae
冷杉属　*Abies*

特征　常绿乔木，高可达 30 米；叶脱落后枝上有圆形叶痕。叶螺旋状排列，长 1.5 ~ 2.5 厘米，先端有凹缺，树脂管边生。雌雄同株；球花单生叶腋；雄球花下垂；雌球花直立。球果当年成熟，直立，长卵状圆柱形，无柄，熟时黑色。

习性　花期 5 月，果期 10 月。成纯林或与其他树种组成混交林。

环境　海拔 2600 ~ 2800 米的温性针阔混交林带，海拔 2800 ~ 3100 米的硬叶常绿阔叶林带（阳坡），海拔 2800 ~ 3100 米的暖性针叶林带（阴坡），海拔 3100 ~ 3800 米的寒温性针叶林带。

02
—

南方红杉
Larix potaninii var. australis

松科　Pinaceae
落叶松属　*Larix*

特征　落叶乔木，高可达 40 米；枝平展，树冠圆锥形；小枝下垂，一年生枝红褐色或淡紫褐色；短枝粗壮，径 4 ~ 8 毫米。球果长圆状圆柱形或圆柱形，成熟紫褐色或淡灰褐色，中部种鳞近方形；苞鳞长圆状披针形，紫褐色，通常直伸。种子连翅长 1.2 ~ 1.4 厘米。

习性　花期 7 月，果期 9 ~ 10 月。成纯林或与其他针叶树种组成混交林。秋季南方红杉叶变黄，山体被染成金黄色，构成三江并流区一道亮丽的风景线。

环境　海拔 2600 ~ 2800 米的温性针阔混交林带，海拔 2800 ~ 3100 米的硬叶常绿阔叶林带（阳坡），海拔 2800 ~ 3100 米的暖性针叶林带（阴坡），海拔 3100 ~ 3800 米的寒温性针叶林带。

03
—

华山松
Pinus armandii

松科　Pinaceae
松属　*Pinus*

特征　常绿乔木；一年生枝绿色或灰绿色，无毛；冬芽褐色。针叶 5 针一束，较粗硬，长 8 ~ 15 厘米。球果圆锥状长卵形，熟时种鳞张开，种子脱落；种鳞的鳞盾无毛，不具纵脊，鳞脐顶生，先端不反曲或微反曲；种子无翅或上部具脊，长 1 ~ 1.8 厘米。

习性　花期 5 月，果期翌年 9 ~ 10 月。

环境　海拔 2000 ~ 2600 米的亚热带干暖河谷，海拔 2600 ~ 2800 米的温性针阔混交林带，海拔 2800 ~ 3100 米的暖性针叶林带（阴坡）。

01

——

高山松
Pinus densata

松科　Pinaceae
松属　*Pinus*

特征　常绿乔木；一年生枝粗壮，黄褐色，无毛；冬芽栗褐色。针叶通常 2 针一束，间有 3 针一束，较粗硬，叶鞘宿存。球果卵圆形，长 5 ~ 6 厘米，熟时栗褐色；种鳞的鳞盾肥厚隆起，横脊显著，向下反曲或不反曲；鳞脐显著凸起，有刺；种子长 4 ~ 5 毫米。

习性　花期 5 月，果期翌年 9 ~ 10 月。成纯林或与其他树种组成混交林。为亚高山带次生林更新速生树种。

环境　海拔 2800 ~ 3100 米的硬叶常绿阔叶林带（阳坡），海拔 3100 ~ 3800 米的寒温性针叶林带。

02

——

干香柏
Cupressus duclouxiana

柏科　Cupressaceae
柏木属　*Cupressus*

特征　常绿乔木；小枝不下垂，圆柱形或近方形。中鳞形，交互对生，排列紧密，腺体位于近中。雌雄同株。球果球形，直径 1.5 ~ 3 厘米，熟时暗黑色，常微被白粉；种鳞 4 对，木质，常有凸短尖；种子卵形，有窄翅。为中国特有种。古干香柏常被藏民视为神树。

习性　花期 2 月，果期翌年 9 ~ 10 月。

环境　海拔 2000 ~ 2600 米的亚热带干暖河谷，海拔 2600 ~ 2800 米的温性针阔混交林带，海拔 2800 ~ 3100 米的硬叶常绿阔叶林带（阳坡），海拔 2800 ~ 3100 米的暖性针叶林带（阴坡）。

03

——

云南红豆杉
Taxus yunnanensis

红豆杉科　Taxaceae
红豆杉属　*Taxus*

特征　乔木，高可达 20 米，胸径可达 1 米。大枝开展；冬芽金绿黄色。叶质地较薄，披针状条形，通常呈弯镰状，排列较疏，成两列，边缘向下反曲。雌雄异株；球花生叶腋。种子生于红色肉质的杯状或坛状的假种皮内，扁圆柱状卵形。为国家一级保护植物。

习性　花期 3 ~ 4 月，果期翌年 8 ~ 10 月。

环境　海拔 2000 ~ 2600 米的亚热带干暖河谷，海拔 2600 ~ 2800 米的温性针阔混交林带，海拔 2800 ~ 3100 米的硬叶常绿阔叶林带（阳坡），海拔 2800 ~ 3100 米的暖性针叶林带（阴坡），海拔 3100 ~ 3800 米的寒温性针叶林带。

01

红桦
Betula albosinensis

桦木科　Betulaceae
桦木属　*Betula*

特征　乔木；树皮红褐色。小枝红褐色或紫褐色，无毛。叶厚纸质，卵形至卵状矩圆形，长 5 ~ 10 厘米，侧脉 10 ~ 14 对。果序单生或 2 ~ 4 个排成总状，圆柱状；果苞长 5 ~ 8 毫米；膜质翅与果等宽或较果窄。

习性　花期 4 ~ 5 月，果期 8 ~ 9 月。

环境　海拔 3100 ~ 3800 米的寒温性针叶林带。

02

帽斗栎
Quercus guyavifolia

壳斗科　Fagaceae
栎属　*Quercus*

特征　常绿灌木或小乔木，高 0.6 ~ 10 米；幼枝密生污褐色簇生的绒毛，后脱落。叶卵形、倒卵形或椭圆形，先端钝圆，基部圆形至浅心形，全缘或有锯齿，齿端有时刺状，幼时两面有毛，老时仅下面密生多层簇生的黄棕色绒毛。壳斗半球形；苞片狭卵形，覆瓦状排列。

习性　常成大面积纯林，或与它树种构成混交林。

环境　海拔 2600 ~ 2800 米的温性针阔混交林带，海拔 2800 ~ 3100 米的硬叶常绿阔叶林带（阳坡），海拔 2800 ~ 3100 米的暖性针叶林带（阴坡），海拔 3100 ~ 3800 米的寒温性针叶林带。

03

澜沧黏腺果
Commicarpus lantsangensis

紫茉莉科　Nyctaginaceae
黏腺果属　*Commicarpus*

特征　半灌木，高 40 ~ 70 厘米。枝圆柱形，劲直，带白色，皮纵裂，新枝有细纵条纹，被腺毛，有浅褐色或黑色点，节间长。叶基部楔形，全缘；花被紫红色。果实棍棒状，具瘤状腺体，果熟时下垂。

习性　花期 6 月，果期 8 月。

环境　海拔 2300 ~ 3000 米的干热河谷、路旁石缝中。

01
—

小蓝雪花
Ceratostigma minus

白花丹科　Plumbaginaceae
蓝雪花属　*Ceratostigma*

特征　落叶灌木，新枝密被白色或黄白色长硬毛。叶上面无毛或有分布不均匀的稀疏长硬毛；花序顶生和侧生，小；顶生花序含 5 ～ 16 花，侧生花序基部常无叶，多为单花或含 2 ～ 9 花；花冠长，筒部紫色，花冠裂片蓝色；蒴果卵形，带绿黄色。

习性　花期 7 ～ 10 月，果期 7 ～ 11 月。

环境　海拔 1000 ～ 4700 米的干热河谷的岩壁和砾石或砂质基地上，多见于山麓、路边、河边向阳处。

02
—

苞叶大黄
Rheum alexandrae

蓼科　Polygonaceae
大黄属　*Rheum*

特征　中型草本，高 40 ～ 80 厘米，根状茎及根直而粗壮，内部黄褐色。茎单生，不分枝，粗壮直挺，中空。基生叶 4 ～ 6 片，茎生叶及叶状苞片多数，下部叶卵形或倒卵状椭圆形，稀稍大，顶端圆钝，基部近心形或圆形，叶片长卵形，一般为浅绿色；叶柄较短或无柄。花序分枝腋出；花小，绿色，数多簇生；花梗细长丝状。果实菱状椭圆形。

习性　花期 6 ～ 7 月，果期 9 月。常生于较潮湿处。

环境　海拔 3100 ～ 3800 米的寒温性针叶林带，海拔 3800 ～ 4000 米的亚高山灌丛带，海拔 4000 米以上的高山复合体带。

03
—

牛尾七
Rheum forrestii

蓼科　Polygonaceae
大黄属　*Rheum*

特征　较高草本，高 60 ～ 80 厘米，根较粗壮；茎直立，中空。基生叶 3 ～ 5 片，叶片宽卵形或卵圆形，通常两面浅绿色，叶上面具稀疏短毛，多生于叶脉处，或逐渐光滑无毛；托叶鞘短而不完整，干后膜质。圆锥花序，中部以上分枝，花被不开展，花药淡紫红色，花柱棒状。

习性　花期 6 ～ 7 月，果期 8 ～ 9 月。多生于山坡或草丛中。

环境　海拔 2800 ～ 3100 米的硬叶常绿阔叶林带（阳坡），海拔 2800 ～ 3100 米的暖性针叶林带（阴坡），海拔 3100 ～ 3800 米的寒温性针叶林带。

01

02

03

01
—

塔黄
Rheum nobile

蓼科　Polygonaceae
大黄属　*Rheum*

特征　多年生草本，高 0.9 ~ 1.5 米。茎粗壮，直立，中空，节间较短，茎不外露，全为苞片被覆，味酸。主根鲜者粗达 4 厘米，断面橙色。叶根出，近圆形或宽卵形。总苞花序长 12 ~ 20 厘米，一至数枝自苞片腋生，为上侧苞片所遮盖，花药与上部花丝均外露。

习性　花期 6 ~ 8 月。生于高山流石滩。

环境　海拔 4000 米以上的高山复合体带。

02
—

多雄蕊商陆
Phytolacca polyandra

商陆科　Phytolaccaceae
商陆属　*Phytolacca*

特征　草本，高 60 ~ 80 厘米，根较粗壮；茎直立，中空。基生叶 3 ~ 5 片，叶片宽卵形或卵圆形，通常两面浅绿色，叶上面具稀疏短毛，多生于叶脉处，或逐渐光滑无毛；托叶鞘短而不完整，干后膜质。圆锥花序，中部以上分枝，花被不开展，花药淡紫红色，花柱棒状。

习性　花期 6 ~ 7 月，果期 8 ~ 9 月。多生于山坡或草丛中。

环境　海拔 2800 ~ 3100 米的硬叶常绿阔叶林带（阳坡），海拔 2800 ~ 3100 米的暖性针叶林带（阴坡），海拔 3100 ~ 3800 米的寒温性针叶林带。

03
—

单刺仙人掌
Opuntia monacantha

仙人掌科　Cactaceae
仙人掌属　*Opuntia*

特征　肉质植物，常丛生，灌木状，高 0.5 ~ 4 米，有时基部具圆柱状主干。分枝多数，深绿色或灰绿色；节片宽椭圆形、倒卵状椭圆形至长圆形。花辐状，橙黄色或深黄色，外轮花被片卵圆形至倒卵形，内轮花被片倒卵形；花丝淡黄色。浆果圆球形至梨形，种子多数。

习性　花期 5 ~ 6 月。生于干暖河谷地带、村边。

环境　海拔 2000 ~ 2600 米的亚热带干暖河谷。

04
—

梨果仙人掌
Opuntia ficus-indica

仙人掌科 Cactaceae
仙人掌属　*Opuntia*

特征　灌木或小乔木。茎肉质，分枝侧扁，分枝暗绿色或灰绿色，无光泽，厚而平坦。小窠圆形至椭圆形，通常无刺，有时具 1 ~ 6 根开展或弯曲的刺。花被片展开，黄色至橙色；花丝淡黄色。果实黄色、橙色或略带紫色。花期 5 ~ 6 月。

环境　海拔 800 ~ 2900 米的干热河谷地区。

01
—

石膏山乌头
Aconitum rockii var. *fengii*

毛茛科　Ranunculaceae
乌头属　*Aconitum*

特征　块根胡萝卜形，长约 6 厘米，粗约 1 厘米。茎高 50 ～ 100 厘米，密被伸展的短柔毛，等距地生约 15 枚叶，不分枝或分枝。茎下部叶在开花时枯萎。茎中部 3 叶有长柄；叶片五角形。总状花序长约 25 厘米；雄蕊无毛，花丝有 2 枚小齿或全缘；心皮 5。

习性　花期 8 ～ 9 月。生于杜鹃林中。

环境　海拔 3800 ～ 4000 米的亚高山灌丛带。

02
—

草玉梅
Anemone rivularis

毛茛科　Ranunculaceae
银莲花属　*Anemone*

特征　多年生草本。基生叶 3 ～ 6；叶片轮廓肾状五角形，宽 2.5 ～ 6.5 厘米，长 4.5 ～ 9.5 厘米，3 全裂；聚伞花序一至三回分枝；总苞片 3，具鞘状柄，宽菱形，3 裂；萼片 6 ～ 10，白色，狭倒卵形或狭椭圆形，顶端有髯毛；无花瓣；雄蕊多数，花丝条形。

习性　花期 6 ～ 8 月。生于高山草甸和林下。

环境　海拔 2600 ～ 2800 米的温性针阔混交林带，海拔 2800 ～ 3100 米的硬叶常绿阔叶林带（阳坡），海拔 2800 ～ 3100 米的暖性针叶林带（阴坡），海拔 3100 ～ 3800 米的寒温性针叶林带，海拔 3800 ～ 4000 米的亚高山灌丛带。

03
—

直距耧斗菜
Aquilegia rockii

毛茛科　Ranunculaceae
耧斗菜属　*Aquilegia*

特征　多年生草本，根圆柱形。茎高 40 ～ 80 厘米，基部被稀疏的短柔毛，上部被腺毛。基生叶为二回三出复叶。花序含 1 ～ 3 朵花，花下垂或水平展出；苞片 3 深裂；花梗密被腺毛，长椭圆状狭卵形，顶端渐尖；花瓣与萼片同色，被短柔毛；雄蕊比瓣片短。

习性　花期 6 ～ 8 月，果期 7 ～ 9 月。生于沟边湿地、林间草甸等。

环境　海拔 2600 ～ 2800 米的温性针阔混交林带，海拔 2800 ～ 3100 米的硬叶常绿阔叶林带（阳坡），海拔 2800 ～ 3100 米的暖性针叶林带（阴坡），海拔 3100 ～ 3800 米的寒温性针叶林带。

01

03

02

01

—

驴蹄草
Caltha palustris

毛茛科　Ranunculaceae
驴蹄草属　*Caltha*

特征　多年生草本，无毛。茎高 20 ~ 48 厘米，分枝，实心。基生叶 3 ~ 7；叶片圆形、圆肾形或心形，边缘密生小牙齿。茎生叶较小，具短柄或无柄。单歧聚伞花序生于茎或分枝顶端；萼片 5，黄色，倒卵形或狭倒卵形，无花瓣；雄蕊多数，无柄。果长约 1 厘米。

习性　生于山谷溪边、草甸或林下。

环境　海拔 2000 ~ 2600 米的亚热带干暖河谷，海拔 2600 ~ 2800 米的温性针阔混交林带，海拔 2800 ~ 3100 米的硬叶常绿阔叶林带（阳坡），海拔 2800 ~ 3100 米的暖性针叶林带（阴坡），海拔 3100 ~ 3800 米的寒温性针叶林带。

02

—

绣球藤
Clematis montata

毛茛科　Ranunculaceae
铁线莲属　*Clematis*

特征　藤本，长 3 ~ 5 米；茎褐色，无毛。叶对生，三出复叶；小叶卵形，先端急尖或渐尖，3 浅裂，边缘有锯齿，两面疏生短柔毛；叶柄长 5 ~ 6 厘米。花簇生 2 年生枝的腋部，有 1 ~ 6 花；萼片 4，白色，椭圆形，展开；无花瓣，雄蕊多数，无毛；心皮多数。

习性　花期 5 ~ 7 月，果期 7 ~ 9 月。

环境　海拔 2000 ~ 2600 米的亚热带干暖河谷，海拔 2600 ~ 2800 米的温性针阔混交林带，海拔 2800 ~ 3100 米的硬叶常绿阔叶林带（阳坡），海拔 2800 ~ 3100 米的暖性针叶林带（阴坡），海拔 3100 ~ 3800 米的寒温性针叶林带，海拔 3800 ~ 4000 米的亚高山灌丛带。

03

—

拟耧斗菜
Paraquilegia microphylla

毛茛科　Ranunculaceae
拟耧斗菜属　*Paraquilegia*

特征　多年生草本。根状茎长，上部有逐年宿存的叶柄密集成丛。叶多数，均基生，为二回三出复叶，无毛；小叶深裂，小叶倒披针形。花单个，顶生，萼片 5，紫色或淡紫红色，倒卵形，花瓣 5，紫红色，狭倒卵形，雄蕊多数。为云南省级保护濒危植物。

习性　花期 6 ~ 8 月。生于多砾石地和石崖上。

环境　海拔 2600 ~ 2800 米的温性针阔混交林带，海拔 2800 ~ 3100 米的硬叶常绿阔叶林带（阳坡），海拔 2800 ~ 3100 米的暖性针叶林带（阴坡），海拔 3100 ~ 3800 米的寒温性针叶林带，海拔 3800 ~ 4000 米的亚高山灌丛带，海拔 4000 米以上的高山复合体带。

01

02

03a

03b

01

云南金莲花
Trollius yunnanensis

毛茛科　Ranunculaceae
金莲花属　*Trollius*

特征　多年生草本，无毛。茎高 30 ~ 60 厘米。基生叶 3 ~ 4 枚，长 10 ~ 25 厘米，具长柄；叶片干时常变暗绿色，五角形，裂片具小裂片和牙齿；茎生叶 1 ~ 2 枚；花单生于茎枝顶端或 2 ~ 3 朵成聚伞花序；萼片 5 ~ 7，花瓣状，金黄色，宽倒卵形或卵形；花瓣比雄蕊长，条形，顶端变宽，雄蕊多数；心皮 7 ~ 25。

习性　花期 6 ~ 8 月。生于沟边湿地、沼泽草甸和草坡等。

环境　海拔 2800 ~ 3100 米的硬叶常绿阔叶林带（阳坡），海拔 2800 ~ 3100 米的暖性针叶林带（阴坡），海拔 3100 ~ 3800 米的寒温性针叶林带，海拔 3800 ~ 4000 米的亚高山灌丛带。

02

滇西绿绒蒿
Meconopsis impedita

罂粟科　Papaveraceae
绿绒蒿属　*Meconopsis*

特征　一年生草本，高 25 ~ 40 厘米；主根粗肥，茎极短。基生叶披针形、倒披针形或匙形，先端圆形或急尖，基部渐狭下延成翅状，边缘全缘或不规则全羽状深裂，两面均被硬毛；花瓣 4 ~ 10，深紫色、紫蓝色或紫红色，雄蕊多数，与花瓣同色。

习性　花期 5 ~ 7 月。生于高山流石滩和砾石坡。

环境　海拔 4000 米以上的高山复合体带。

03

横断山绿绒蒿
Meconopsis pseudointegrifolia

罂粟科　Papaveraceae
绿绒蒿属　*Meconopsis*

特征　草本，高 25 ~ 120 厘米，被褐色或黄色长柔毛。茎直立、粗壮，有时花莛状叶；基生叶莲座状，卵形或倒披针形，长 14 ~ 40 厘米，宽 2 ~ 5 厘米，全缘，两面被毛或上面近无毛，上部茎生叶近无柄；花通常 6 ~ 9 朵，稀 18 朵，生于上部叶腋中；萼片卵形；花瓣 6 ~ 8 枚，卵形至椭圆形，浅黄色或硫磺色；雄蕊多数，花丝黄色，花药黄色至橙黄色；子房倒卵形至椭圆形，被毛，花柱长 3 ~ 11 毫米；蒴果，倒卵形至宽椭圆形，被毛或近无毛。

习性　花期 6 ~ 8 月，果期 7 ~ 10 月。

环境　海拔 2700 ~ 5100 米附近的高山灌丛、草地及流石滩地区。

04

总状绿绒蒿
Meconopsis racemosa

罂粟科　Papaveraceae
绿绒蒿属　*Meconopsis*

特征　多年生草本，高 20 ~ 50 厘米，全株被淡黄色平展的刺毛。基生叶和下部茎生叶长圆状披针形，先端急尖，基部狭楔形，下延至叶柄基部近鞘状，全缘或波状；花于茎上部叶腋内，最上部者无苞片，有时生于基生叶的花莛上；蓝或紫蓝色，倒卵状长圆形，雄蕊多数，花丝丝状，花药长圆形，黄色；子房卵形。

习性　花期 5 ~ 8 月。生于砾石坡、流石滩、灌丛和草甸等。

环境　海拔 3100 ~ 3800 米的寒温性针叶林带，海拔 3800 ~ 4000 米的亚高山灌丛带，海拔 4000 米以上的高山复合体带。

01

—

美丽绿绒蒿
Meconopsis speciosa

罂粟科 Papaveraceae
绿绒蒿属 *Meconopsis*

特征 一年生草本，高 15 ~ 60 厘米，全体被锈色或淡黄色刺毛。主根粗而长，长达 30 厘米，茎粗壮，不分枝，基部盖以宿存的叶基。基生叶和下部茎生叶披针形或狭卵形，羽状深裂。花多数，下部者具苞片，最上部者无苞片；花瓣蓝色至鲜紫红色。

习性 生于岩坡上。

环境 海拔 3800 ~ 4000 米的亚高山灌丛带，海拔 4000 米以上的高山复合体带。

02

—

黄花绿绒蒿
Meconopsis georgei

罂粟科 Papaveraceae
绿绒蒿属 *Meconopsis*

特征 草本，单次结实。叶聚生于茎下部，叶片倒披针形，长约 10 厘米，宽约 1.8 厘米，先端急尖或圆，基部渐狭成翅，边缘全缘或微波状，两面无毛或疏被硬毛，背面具白粉；叶柄长约 5 厘米；花瓣 5 ~ 8，倒卵形，长约 3.8 厘米，宽约 2.5 厘米，先端钝、急尖或具小锯齿，黄色；花丝丝状，花药橘黄色至黑色；蒴果长椭圆形，被伸展的硬毛，3 ~ 5 瓣自顶端微裂；种子镰状椭圆形，种皮具不整齐的皱纹或不明显的凹痕。

环境 海拔 3600 ~ 4300 米的高山草甸花岗岩、砾石或石灰岩地区。

03

—

硫磺绿绒蒿
Meconopsis sulphurea

罂粟科 Papaveraceae
绿绒蒿属 *Meconopsis*

特征 草本，单次结实。全体被锈色和金黄色长柔毛。花大而美丽，花瓣 6 ~ 8 枚，花柱明显，且花柱较长。

习性 花期 6 ~ 7 月。

环境 海拔 2700 ~ 4200 米的林缘、高山草坡及杜鹃灌丛。

04

—

川滇绿绒蒿（尼泊尔绿绒蒿）
Meconopsis wilsonii

罂粟科 Papaveraceae
绿绒蒿属 *Meconopsis*

特征 草本，单次结实。植株 70 ~ 150 厘米，全体被黄褐色长柔毛。整株高大粗壮，叶片羽裂或近全缘。多花，红色，总状圆锥花序，花梗毛被服贴或上升；花瓣 4 枚，子房卵形，密被贴伏的刚毛。蒴果卵形或椭圆体。

习性 花期 6 ~ 9 月。

环境 海拔 2700 ~ 4200 米的高山灌丛、草甸及林缘、高山草坡。

01

轮叶绿绒蒿
Meconopsis integrifolia var. uniflora

罂粟科　Papaveraceae
绿绒蒿属　*Meconopsis*

特征　草本，单次结实。全体被锈色和金黄色平展或反曲、具多短分枝的长柔毛。叶较小，茎生叶数枚，密聚于茎顶，呈轮生状；花仅 1 朵，单生于茎顶的长花梗上。

习性　花果期 5 ~ 11 月。

环境　海拔 4350 ~ 4450 米的山坡草地。

02

灰岩紫堇
Corydalis calcicola

罂粟科　Papaveraceae
紫堇属　*Corydalis*

特征　草本。须根多数成簇。叶片二回或三回羽状全裂。总状花序密集多花；苞片下部者扇状全裂，长于花梗；花瓣紫色；上花瓣长 2.2 ~ 3 厘米；距微钩状弯曲，圆锥状，先端钝。

习性　花果期 5 ~ 10 月。

环境　海拔 3900 ~ 5500 米的灌丛、高山草甸或流石滩。

03

囊距紫堇
Corydalis benecincta

罂粟科　Papaveraceae
紫堇属　*Corydalis*

特征　无毛草本，高 5 ~ 20 厘米。根状茎粗壮，茎通常单一。基部和下部覆盖有披针形的鳞片。叶三出，具长柄；小叶全缘，椭圆形或卵圆形，花序顶生或腋生，具 5 ~ 8 花，呈伞形排列；披针形或卵形，花梗扁压，花瓣淡紫色或红色，具鸡冠突起，约与花瓣等长。

习性　花期 6 ~ 7 月。生于高山流石滩。

环境　海拔 4000 米以上的高山复合体带。

04

暗绿紫堇
Corydalis melanochlora

罂粟科　Papaveraceae
紫堇属　*Corydalis*

特征　草本，根状茎明显。须根多数成簇，棒状肉质增粗。具鳞茎；鳞片长约 1.5 厘米。茎生叶 2 枚，叶片三回羽状全裂。总状花序长 2 ~ 3 厘米，有 4 ~ 8 朵花，花瓣天蓝色或仅端部天蓝色，上花瓣长 1.8 ~ 2.5 厘米，背部具 1 ~ 2 毫米的鸡冠状突起；距宽圆筒形，弯曲；柱头具 6 枚乳突。

习性　花果期 6 ~ 9 月。

环境　海拔 3900 ~ 5500 米的高山流石滩。

01
——

阿里山十大功劳
Mahonia oiwakensis

小檗科　Berberidaceae
十大功劳属　*Mahonia Nuttall*

特征　常绿灌木，高可达 3 米。栓皮灰黄色，具不整齐纵沟，木质茎鲜黄色。奇数羽状复叶，叶长 60 厘米，圆状椭圆形，叶缘每边具 2 ~ 9 刺锯齿，先端骤尖至渐尖；总状花序有时分枝，花金黄色，花瓣长圆形；浆果卵形，蓝色或蓝黑色，被白粉。

习性　花期 8 ~ 11 月，果期 11 月至翌年 5 月。

环境　海拔 650 ~ 3800 米的阔叶林下、灌丛中、林缘或山坡。

02
——

抱茎葶苈
Draba amplexicaulis

十字花科　Brassicaceae
葶苈属　*Draba*

特征　多年生草本。茎高 30 ~ 60 厘米，有单毛、叉状毛和星状毛。基生叶狭匙形，花后枯干；茎生叶无柄，披针形，先端急尖，基部多少抱茎，两侧钝耳状，近全缘或疏生细齿，上面有单毛和叉状毛，下面有星状毛。总状花序顶生，花瓣黄色，短角果椭圆状卵形。

习性　花期 6 ~ 7 月。生于高山流石滩。

环境　海拔 3100 ~ 3800 米的寒温性针叶林带，海拔 3800 ~ 4000 米的亚高山灌丛带，海拔 4000 米以上的高山复合体带。

03
——

单花荠
Eutrema scapiflorum

十字花科　Brassicaceae
山萮菜属　*Eutrema*

特征　无茎多年生草本，高约 5 ~ 10 厘米，肉质，无毛，直根肥厚。叶多数，莲座状，条状披针形或匙形，两面无毛，稀下面有柔毛；叶柄扁平，和叶等长或稍长，每个具单花；萼片卵形，先端圆钝，边缘膜质，内萼片基部成囊状；花瓣淡青紫色或白色。果肉质，宽卵形。

习性　生于高山草原、水边。

环境　海拔 2600 ~ 2800 米的温性针阔混交林带，海拔 2800 ~ 3100 米的硬叶常绿阔叶林带（阳坡），海拔 2800 ~ 3100 米的暖性针叶林带（阴坡），海拔 3100 ~ 3800 米的寒温性针叶林带。

01

丛菔
Solms-laubachia pulcherrima

十字花科　Brassicaceae
丛菔属　*Solms-Laubachia*

特征　多年生灌木状草本，高 4 ～ 7 厘米；根状茎粗而长，外皮呈灰色，顶端分枝，冠部密生叶残留物及莲座状基生叶。叶在根状茎分枝上密集排列，近肉质，矩圆状匙形或倒披针形，叶柄不明显。花单生，鲜绿蓝色或白色，芳香；花瓣 4 枚，近圆形或宽倒卵形，有长爪。

习性　花期 6 月。生于高山流石滩或石灰岩石缝。

环境　海拔 3800 ～ 4000 米的亚高山灌丛带，海拔 4000 米的以上高山复合体带。

02

宽果丛菔
Solms-laubachia eurycarpa

十字花科　Brassicaceae
丛菔属　*Solms-laubachia*

特征　多年生草本。叶面光滑或被稀疏毛。花瓣粉红色。角果披针形至线状披针形。

习性　花期 4 ～ 6 月。

环境　海拔 3800 ～ 4800 米的高山草甸、冰川边缘、石砾地、悬崖、流石滩。

03

线叶丛菔
Solms-laubachia linearifolia

十字花科　Brassicaceae
丛菔属　*Solms-laubachia*

特征　多年生草本，基生叶莲座状，具叶柄，叶两面被稀疏毛到密被毛，簇生。花瓣粉红色至深紫色。角果披针形到线状披针形。

习性　花期 4 ～ 7 月。

环境　海拔 3400 ～ 4700 米的潮湿石灰岩草甸、沙石坡、悬崖缝隙、流石滩。

04

白马芥
Baimashania pulvinata

十字花科 Brassicaceae
白马芥属　*Baimashania*

特征　多年生垫状草本。无茎。基生叶莲座状，全缘，具扁平肥厚麦杆色的柄；茎生叶缺失，叶长圆形或椭圆形。总状花序有花 2 ～ 3 朵，无苞片，花单生于从莲座状叶叶腋处长出的短梗上；花瓣粉色，匙形，先端钝。长角果线形，隔膜明显，无果柄。

习性　花期 5 ～ 6 月。

环境　海拔 4200 ～ 4600 米的潮湿石砾草甸、石灰岩石缝、流石滩。

01
—
滇牡丹
Paeonia delavayi

芍药科　Paeoniaceae
芍药属　*Paeonia*

特征　亚灌木，全体无毛。茎高 1.5 米。叶为二回三出复叶；叶片轮廓为宽卵形或卵形，长 15 ~ 20 厘米，羽状分裂，裂片披针形至长圆状披针形，生枝顶和叶腋，直径 6 ~ 8 厘米；苞片 3 ~ 4（6），披针形，大小不等；花瓣为黄色，有时边缘红色或基部有紫色斑块。花盘肉质，包住心皮基部，顶端裂片三角形或钝圆。

习性　花期 5 ~ 6 月，果期 7 ~ 8 月。

环境　海拔 2300 ~ 3700 米的干燥松树林或栎树林、灌丛、稀草坡、原始云杉林空地、山地阳坡及草丛中。

02
—
大花红景天
Rhodiola crenulata

景天科　Crassulaceae
红景天属　*Rhodiola*

特征　多年生草本。地上的根茎短，残存花枝茎少数，黑色，高 5 ~ 20 厘米。不育枝直立，高 5 ~ 17 厘米，先端密着叶，叶宽倒卵形。花茎多，直立或扇状排列，稻杆色至红色。叶椭圆状长圆形至几为圆形。花序伞房状，有多花，有苞片；花大形，有长梗，雌雄异株。

习性　花期 6 ~ 7 月，果期 7 ~ 8 月。生于山坡草地、灌丛中、石缝中。

环境　海拔 2800 ~ 3100 米的硬叶常绿阔叶林带（阳坡），海拔 2800 ~ 3100 米的暖性针叶林带（阴坡），海拔 3100 ~ 3800 米的寒温性针叶林带，海拔 3800 ~ 4000 米的亚高山灌丛带，海拔 4000 米以上的高山复合体带。

03
—
长鞭红景天
Rhodiola fastigiata

景天科　Crassulaceae
红景天属　*Rhodiola*

特征　多年生草本，主轴长 50 厘米以上，不分枝，每年伸长约 1.5 厘米，老的花茎脱落，或少有残存的，基部鳞片三角形。叶密，互生，条状矩圆形或条状披针形，全缘。花序伞房状排列，具密生花；花单性，雌雄异株；萼片 5 片，条形。

习性　花期 6 ~ 7 月。生于高山流石滩和砾石灌丛。

环境　海拔 3100 ~ 3800 米的寒温性针叶林带，海拔 3800 ~ 4000 米的亚高山灌丛带，海拔 4000 米以上的高山复合体带。

01

02

03

01
—

德钦红景天
Rhodiola atuntsuensis

景天科 Crassulaceae
红景天属　*Rhodiola*

特征　多年生草本。根颈直立，分枝少。花茎多，不分枝，直立，长4厘米，基部被鳞片，鳞片三角状半圆形，急尖。叶互生，长圆状卵形，或宽长圆状披针形。花序顶生，密集，近伞形；花瓣5枚，黄色，近直立，长圆形或长圆状披针形，先端钝，有短尖。

习性　花期8月。

环境　生长于海拔3500 ~ 5000米的流石滩、花岗岩、砾石或石灰岩地区。

02
—

喜马红景天
Rhodiola himalensis

景天科　Crassulaceae
红景天属　*Rhodiola*

特征　多年生草本。根颈伸长，老的花茎残存，花茎常带红色，长10 ~ 50厘米，被多数透明的小腺体。叶互生，披针形至倒披针形或倒卵形至长圆状倒披针形，全缘或先端有齿。花序伞房状，花单性，雄花常4 ~ 5数；花瓣深紫色，雄蕊8或10枚。

习性　花期5 ~ 6月，果期8月。

环境　海拔3700 ~ 4200米的山坡上、林下、灌丛中。

03
—

岩白菜
Bergenia purpurascens

虎耳草科　Saxifragaceae
岩白菜属　*Bergenia*

特征　多年生草本，高20 ~ 35厘米，几全株无毛；根状茎粗而长。叶基生，具粗柄；叶片厚肉质，狭倒卵形或矩圆形，叶面绿色或带紫色，具光泽，叶背面淡绿色，顶端钝圆形，基部楔形，全缘至边缘有小齿。总状花序有花6 ~ 7朵，顶部常常下垂；蒴果。

习性　花期6 ~ 7月。生于林下和高山砾石草甸上。

环境　海拔3100 ~ 3800米的寒温性针叶林带，海拔3800 ~ 4000米的亚高山灌丛带。

04
—

短瓣虎耳草
Saxifraga andersonii

虎耳草科　Saxifragaceae
虎耳草属　*Saxifraga*

特征　多年生草本，高2.5 ~ 9厘米；小主轴极多分枝，叠结成座垫状。花茎具4 ~ 5叶，埋藏于莲座叶丛内，不外露，但在花后期，则增长，可高出莲座叶丛1 ~ 2厘米，被腺毛。小主轴之叶密集，近覆瓦状排列，呈莲座状，稍肉质，倒卵形、长圆状狭倒卵形至倒披针状线形；茎生叶较疏，近长圆形、近倒披针形至倒披针状剑形。花单生于茎顶，或聚伞花序具2 ~ 4花；花梗几无；花瓣白色，倒卵形至倒阔卵形。

习性　花期6 ~ 8月。

环境　海拔4100 ~ 4700米的高山草甸和高山碎石隙。

01

02

03a

03b

04

01

——

山地虎耳草
Saxifraga sinomontana

虎耳草科　Saxifragaceae
虎耳草属　*Saxifraga*

特征　多年生草本，丛生，高 4.5 ~ 35 厘米。茎疏被褐色卷曲柔毛。基生叶发达，叶片椭圆形、长圆形至线状长圆形；茎生叶披针形至线形。萼片在花期直立，近卵形至近椭圆形，先端钝圆，边缘具卷曲长柔毛；花瓣黄色，5 ~ 15脉，基部侧脉旁具 2 痂体。

习性　花果期 5 ~ 10 月。

环境　海拔 2700 ~ 5300 米的灌丛、高山草甸、高山沼泽化草甸和高山碎石隙。

02

——

水麻柳
Debregeasia edulis

荨麻科　Urticaceae
水麻属　*Debregeasia*

特征　落叶灌木，高达 2 米。叶互生，披针形或狭披针形，先端渐尖，边缘和小牙齿，基生脉 3，雌雄异株。花序通常生叶痕腋部，具短梗，常两叉分枝，每枝顶端各生一球形花簇。瘦果小，宿存管状花被橙黄色，肉质。

环境　海拔 2000 ~ 2600 米的亚热带干暖河谷，海拔 2600 ~ 2800 米的温性针阔混交林带。

03

——

金露梅
Dasiphora fruticosa

蔷薇科　Rosaceae
金露梅属　*Dasiphora*

特征　灌木，高 0.5 ~ 2 米。多分枝，小枝红褐色，幼时被长柔毛。羽状复叶，小叶 2 对，5 或 3 片；叶柄被绢毛或疏柔毛；小叶片长圆形、倒卵状长圆形或卵状披针形，先端急尖或圆钝；托叶薄膜质，单花或数朵花生于茎顶，花梗密被长柔毛或绢毛。瘦果近卵形，褐棕色。

习性　花期 6 ~ 7 月。生于高山灌丛草甸。

环境　海拔 3800 ~ 4000 米的亚高山灌丛带，海拔 4000 米以上的高山复合体带。

04

——

银露梅
Dasiphora glabra

蔷薇科　Rosaceae
金露梅属　*Dasiphora*

特征　灌木，高 0.3 ~ 2 米。多分枝，小枝灰褐色或紫褐色，被疏柔毛。羽状复叶，小叶 2 对，稀 3 小叶；叶柄被疏柔毛；小叶片椭圆形、倒卵状椭圆形或卵状椭圆形，全缘，先端急尖或圆钝，两面绿色；单花或数朵花生于茎顶，花梗细长，被疏柔毛；瘦果表面被毛。

习性　花期 6 ~ 7 月。生于高山灌丛、岩石缝中。

环境　海拔 3800 ~ 4000 米的亚高山灌丛带，海拔 4000 米以上的高山复合体带。

01

02

03

04

01
—

总梗蕨麻
Argentina peduncularis

蔷薇科　Rosaceae
蕨麻属　*Argentina*

特征　多年生草本。根粗大，圆柱形。花茎直立或上升，高 10 ~ 35 厘米，被伏生长柔毛或绢毛；基生叶为间断羽状复叶，稀不间断，有小叶 10 ~ 21 对，茎生叶托叶草质，绿色，顶端呈缺刻状分裂或有多数锯齿。伞房状聚伞花序，在开花初期较为密集，以后疏散。

习性　花果期 5 ~ 10 月。生高山草地、砾石坡及林下。

环境　海拔 3100 ~ 3800 米的寒温性针叶林带，海拔 3800 ~ 4000 米的亚高山灌丛带，海拔 4000 米以上的高山复合体带。

02
—

狭叶蕨麻
Argentina stenophylla

蔷薇科　Rosaceae
蕨麻属　*Argentina*

特征　多年生草本。根圆柱形，粗壮，木质化；花茎直立，高 4 ~ 20 厘米，被伏生绢状疏柔毛。基生羽状复叶，有小叶 7 ~ 21 对，单花顶生或 2 ~ 3 朵成聚伞花序，被伏生长柔毛；萼片卵形，急尖，花瓣黄色，倒卵形，顶端钝圆，长为萼片的 2 倍以上。

习性　花期 6 ~ 7 月。生于多石山坡、高山草甸。

环境　海拔 3100 ~ 3800 米的寒温性针叶林带，海拔 3800 ~ 4000 米的亚高山灌丛带，海拔 4000 米以上的高山复合体带。

03
—

多腺小叶蔷薇
Rosa willmottiae var. glandulifera

蔷薇科　Rosaceae
蔷薇属　*Rosa*

特征　灌木，高 1 ~ 3 米；小枝细弱，无毛，有成对或散生、直细或稍弯皮刺，极稀在老枝上有刺毛。小叶 7 ~ 9，椭圆形、倒卵形或近圆形，花单生，苞片卵状披针形，先端尾尖，边缘有带腺锯齿；果长圆形或近球形，橘红色，有光泽，果成熟时萼片同萼筒上部一同脱落。

习性　花期 5 ~ 6 月，果期 7 ~ 9 月。生向阳坡地灌丛中。

环境　海拔 2600 ~ 2800 米的温性针阔混交林带，海拔 2800 ~ 3100 米的硬叶常绿阔叶林带（阳坡），海拔 2800 ~ 3100 米的暖性针叶林带（阴坡），海拔 3100 ~ 3800 米的寒温性针叶林带。

04
—

三对叶悬钩子
Rubus trijugus

蔷薇科　Rosaceae
悬钩子属　*Rubus*

特征　灌木，高 1 ~ 2 米。枝圆柱形；根状茎粗壮，木质；茎多直立或稍弯曲；全株生绢状长柔毛。基生叶通常 5 出，稀 3 出，倒卵形或矩萼状倒卵形，花序伞房状；花紫红色，副萼片和萼裂片各 5，二者近等长；花瓣倒卵形，先端凹。

习性　花期 6 ~ 7 月。生于高山灌丛、草甸、流石滩及岩石附近。

环境　海拔 3800 ~ 4000 米的亚高山灌丛带，海拔 4000 米以上的高山复合体带。

01
—
红毛花楸
Sorbus rufopilosa

蔷薇科　Rosaceae
花楸属　*Sorbus*

特征　灌木或小乔木，高 2.7 ～ 5 米。小枝细瘦，圆柱形，暗灰色至褐色，幼时具锈红色柔毛，老时脱落。奇数羽状复叶，花序伞房状或复伞房状，有花 3 ～ 8 朵，有时稍多；花序轴和花梗被锈红色柔毛；花瓣粉红色，宽卵形。果实红色，卵球形，先端具直立宿存萼片。

习性　花期 5 ～ 6 月，果期 8 ～ 9 月。生于山坡灌丛、箐沟或林边。

环境　海拔 2800 ～ 3100 米的硬叶常绿阔叶林带（阳坡），海拔 2800 ～ 3100 米的暖性针叶林带（阴坡），海拔 3100 ～ 3800 米的寒温性针叶林带。

02
—
云南沙棘
Hippophae rhamnoides ssp. *yunnanensis*

胡颓子科　Elaeagnaceae
沙棘属　*Hippophae*

特征　落叶乔木，叶互生，基部最宽，常为圆形或有时楔形，上面绿色，下面灰褐色，具较多而较大的锈色鳞片。果实圆球形，直径 5 ～ 7 毫米；果梗长 1 ～ 2 毫米；种子阔椭圆形至卵形，稍扁，通常长 3 ～ 4 毫米。

习性　花期 4 月，果期 8 ～ 9 月。

环境　海拔 2200 ～ 3700 米的干涸河谷沙地、石砾地或山坡密林中至高山草地。

03
—
云雾雀儿豆
Chesneya nubigena

豆科　Leguminosae
雀儿豆属　*Chesneya*

特征　半灌木。茎丛生，高约 10 厘米。托叶膜质，条状披针形，疏生长柔毛，与叶柄基部联合，宿存；叶密生，羽状复叶；花单生于叶腋，疏生长柔毛，花萼筒状，疏生长柔毛，花冠黄色，旗瓣背面密生短柔毛。荚果革质，长椭圆形，无毛。

习性　花期 6 ～ 7 月。生于高山砾质草甸和流石滩。

环境　海拔 3800 ～ 4000 米的亚高山灌丛带，海拔 4000 米以上的高山复合体带。

04
—
紫花雀儿豆
Chesneya nubigena ssp. *purpurea*

豆科　Leguminosae
雀儿豆属　*Chesneya*

特征　半灌木。茎丛生，高约 10 厘米，全体密生长柔毛。托叶膜质，条状披针形，疏生长柔毛，与叶柄基部联合，宿存；叶密生，羽状复叶；小叶 19 ～ 41，椭圆形或近圆形，花单生于叶腋，疏生长柔毛，花萼筒状，花冠紫红色，旗瓣背面密生短柔毛。

习性　花期 5 ～ 7 月。生于高山砾质草甸和流石滩。

环境　海拔 3800 ～ 4000 米的亚高山灌丛带，海拔 4000 米以上的高山复合体带。

01
—

紫花野决明
Thermopsis barbata

豆科　Fabaceae
野决明属　*Thermopsis*

特征　多年生草本。小叶长圆形或披针形至倒披针形，长 1 ~ 2（3）厘米，宽 0.3 ~ 0.5（1）厘米，两面密被白色长柔毛。总状花序顶生，疏松；花冠紫色。荚果长椭圆形，扁平。

习性　花期 6 ~ 7 月。

环境　海拔 2700 ~ 4500 米的河谷和山坡。

02
—

高山豆
Tibetia himalaica

豆科　Leguminosae
高山豆属　*Tibetia*

特征　多年生草本，主根直下，上部增粗，分茎明显。叶柄被稀疏长柔毛；伞形花序具 1 ~ 3 朵花，稀 4 朵；总花梗与叶等长或较叶长，具稀疏长柔毛；苞片长三角形。花冠深蓝紫色；旗瓣卵状扁圆形，荚果圆筒形或有时稍扁，被稀疏柔毛或近无毛。

习性　花期 5 ~ 6 月，果期 7 ~ 8。

环境　海拔 3000 ~ 5000 米的山区。

03
—

五叶老鹳草
Geranium kariense

牻牛儿苗科　Geraniaceae
老鹳草属　*Geranium*

特征　多年生草本，高 20 ~ 45 厘米。根状茎细长，斜升。茎直立，上部有疏柔毛，从基部以上不远处二歧分枝。叶对生，肾状圆形，花序总状聚伞形，生 2 ~ 3 花；花柄长 1 ~ 2 厘米，在果期从基部向下弯；有疏短伏毛；花瓣深紫色，反转，略长于萼片。

习性　花期 7 ~ 8 月。生于高山草甸和亚高山草甸、灌丛。

环境　海拔 2800 ~ 3100 米的硬叶常绿阔叶林带（阳坡），海拔 2800 ~ 3100 米的暖性针叶林带（阴坡），海拔 3100 ~ 3800 米的寒温性针叶林带，海拔 3800 ~ 4000 米的亚高山灌丛带。

04
—

汉荭鱼腥草
Geranium robertianum

牻牛儿苗科　Geraniaceae
老鹳草属　*Geranium*

特征　一年生草本，体形瘦弱，高 25 ~ 35 厘米。根多数，粗铁丝状，多汁。茎直立或下部斜倚，多分枝，略有白色柔毛。叶对生，五角状圆形，花序柄远较叶为长，顶生 2 花；花柄较花略短，在果期斜向上；萼片披针形；花瓣红紫色，较萼片长 2 倍。蒴果长 1.8 ~ 2.5 厘米。

习性　生于林缘、山坡草地或灌丛中。

环境　海拔 2000 ~ 2600 米的亚热带干暖河谷，海拔 2600 ~ 2800 米的温性针阔混交林带，海拔 2800 ~ 3100 米的硬叶常绿阔叶林带（阳坡），海拔 2800 ~ 3100 米的暖性针叶林带（阴坡）。

01

02

03

04a

04b

01
—

川滇长尾槭
Acer caudatum

无患子科　Sapindaceae
槭树属　*Acer*

特征　落叶乔木，高达 20 米。小枝粗壮，近于无毛，多年生枝灰色或灰黄色。叶薄纸质，基部心脏形或深心脏形；花杂性，雄花与两性花同株，常成密被黄色长柔毛的顶生总状圆锥花序，翅果淡黄褐色，常成直立总状果序；小坚果椭圆形，张开成锐角或近于直立。

习性　花期 5 ～ 6 月，果期 9 月。生于林边或疏林中。

环境　海拔 2000 ～ 2600 米的亚热带干暖河谷，海拔 2600 ～ 2800 米的温性针阔混交林带，海拔 2800 ～ 3100 米的硬叶常绿阔叶林带（阳坡），海拔 2800 ～ 3100 米的暖性针叶林带（阴坡），海拔 3100 ～ 3800 米的寒温性针叶林带。

02
—

卧生水柏枝
Myricaria rosea

柽柳科　Tamaricaceae
水柏枝属　*Myricaria*

特征　仰卧灌木，高约 1 米，多分枝；老枝平卧，红褐色或紫褐色，具条纹，幼枝直立或斜升，淡绿色。叶披针形、线状披针形或卵状披针形，呈镰刀状弯曲；花序枝常高出叶枝，粗壮，黄绿色或淡紫红色；蒴果狭圆锥形，三瓣裂。

习性　花期 5 ～ 7 月，果期 7 ～ 8 月。生于砾石质山坡，砂砾质河滩草地以及高山河谷冰川冲积地。

环境　海拔 2600 ～ 2800 米的温性针阔混交林带，海拔 2800 ～ 3100 米的硬叶常绿阔叶林带（阳坡），海拔 2800 ～ 3100 米的暖性针叶林带（阴坡），海拔 3100 ～ 3800 米的寒温性针叶林带，海拔 3800 ～ 4000 米的亚高山灌丛带，4000 米以上高山复合体带。

03
—

唐古特瑞香
Daphne tangutica

瑞香科　Thymelaeaceae
瑞香属　*Daphne*

特征　常绿灌木，高 0.5 ～ 2.5 米，不规则多分枝；枝肉质，较粗壮，幼枝灰黄色，分枝短、较密，几无毛或散生黄褐色粗柔毛，老枝淡灰色或灰黄色，微具光泽。叶互生，革质或亚革质，头状花序生于小枝顶端；果实卵形，幼时绿色，成熟时红色，干燥后紫黑色；种子卵形。

习性　花期 4 ～ 5 月，果期 5 ～ 7 月。生于润湿林中。

环境　海拔 2000 ～ 2600 米的亚热带干暖河谷，海拔 2600 ～ 2800 米的温性针阔混交林带，海拔 2800 ～ 3100 米的硬叶常绿阔叶林带（阳坡），海拔 2800 ～ 3100 米的暖性针叶林带（阴坡），海拔 3100 ～ 3800 米的寒温性针叶林带。

01
—

青荚叶
Helwingia japonica

青荚叶科　Helwingiaceae
青荚叶属　*Helwingia*

特征　落叶灌木，高 1～3 米；嫩枝绿色或紫绿色。叶互生，卵形，卵状椭圆形，罕为卵状披针形；花雌雄异株；雄花约 5～12 朵形成密聚伞花序，雌花具梗，单生或 2～3 朵簇生于叶上面中脉的中部或近基部。核果近球形，黑色，具 3～5 厘米。

习性　生林下。

环境　海拔 2000～2600 米的亚热带干暖河谷。

02
—

草莓凤仙花
Impatiens fragicolor

凤仙花科　Balsaminaceae
凤仙花属　*Impatiens*

特征　一年生草本植物，高可达 70 厘米。茎粗壮，肉质，不分枝，无毛，常紫色。叶具柄，下部对生，总花梗少数，有 1～6 花，花紫色或淡紫色，旗瓣心状宽卵形，翼瓣无柄，唇瓣宽漏斗状，花药钝。蒴果长圆状线形。

习性　花期 7～8 月。

环境　海拔 3100～3900 米的溪流或河边草丛中、水沟边湿地上。

03
—

耳叶凤仙花
Impatiens delavayi

凤仙花科　Balsaminaceae
凤仙花属　*Impatiens*

特征　一年生草本。下部和中部叶具柄，上部叶无柄或近无柄，长圆形，基部心形，稍抱茎，边缘有粗圆齿。总花梗具 1～5 花；花梗细短；花淡紫红色或污黄色；唇瓣囊状，基部急狭成内弯的短距，距端 2 浅裂，花药钝。蒴果线形。

习性　花期 7～9 月。

环境　海拔 3400～4200 米的山麓、溪边、山沟水边、冷杉林或高山栎林下。

04
—

红花岩梅
Diapensia purpurea

岩梅科　Diapensiaceae
岩梅属　*Diapensia*

特征　常绿垫状平卧半灌木，高 3～6 厘米，多分枝，主茎极短，主根圆柱形，粗壮。叶密生于茎上，革质，全缘，反卷；花单生于枝顶端，蔷薇紫色或粉红色，几无梗；花柱单一，直立，蒴果圆球形。

习性　花果期 6～8 月。

环境　海拔 2600～4500 米的山顶或荒坡岩壁上。

01a

01b

02

03

04

01

鹿蹄草
Pyrola calliantha

杜鹃花科　Ericaceae
鹿蹄草属　*Pyrola*

特征　多年生常绿草本；根状茎长而横生，斜升，连同花葶高 20 ～ 30 厘米，基部生叶 4 ～ 7 片。叶革质，卵圆形至圆形。花葶有 1 ～ 2 个苞片；总状花序多花密生；苞片舌形；花大，广开；萼片舌形；花瓣白色或稍带粉红。

习性　花期 5 ～ 6 月。生于林下。

环境　海拔 2000 ～ 2600 米的亚热带干暖河谷，海拔 2600 ～ 2800 米的温性针阔混交林带，海拔 2800 ～ 3100 米的硬叶常绿阔叶林带（阳坡），海拔 2800 ～ 3100 米的暖性针叶林带（阴坡），海拔 3100 ～ 3800 米的寒温性针叶林带。

02

杉叶杜
Diplarche multiflora

杜鹃花科　Ericaceae
杉叶杜属　*Diplarche*

特征　常绿矮小直立灌木，高 8 ～ 14 厘米；枝密，疏生腺状细毛，有粗而密的叶枕，因此表面粗糙。叶小，密生，革质，针状条形。花小，蔷薇色，8 ～ 12 朵簇生枝顶，成密总状花序；蒴果球形，包于宿存萼片内，室间开裂。

习性　生高山石缝中。

环境　海拔 3800 ～ 4000 米的亚高山灌丛带。

03

弯柱杜鹃
Rhododendron campylogynum

杜鹃花科　Ericaceae
杜鹃花属　*Rhododendron*

特征　常绿垫状灌木，高约 1 米；一年生小枝短，有疏鳞片。叶疏生，厚革质，倒卵形至倒卵状披针形。花冠钟状，肉质，紫红色，外面带灰白而无毛，里面基部有短毛，5 裂；雄蕊通常 8，花丝下半部有毛；有圆珠状疏鳞腺，花柱粗，向下弯，无毛。蒴果无毛。

习性　生高山上。

环境　海拔 3100 ～ 3800 米的寒温性针叶林带，海拔 3800 ～ 4000 米的亚高山灌丛带。

04

栎叶杜鹃
Rhododendron phaeochrysum

杜鹃花科　Ericaceae
杜鹃花属　*Rhododendron*

特征　常绿灌木，高达 3.5 米；幼枝有薄层淡黄色至肉桂色的毛被。叶革质，矩圆状椭圆形或矩圆状披针形。顶生总状伞形花序有花 8 ～ 15 朵，有丛卷毛；花冠漏斗状钟形，白色，有少数深红色点，里面有微毛；雄蕊 10；子房无毛或有疏丛卷毛。蒴果椭圆形。

习性　花期 5 ～ 7 月。生于针叶林中。

环境　海拔 3100 ～ 3800 米的寒温性针叶林带。

01

红棕杜鹃
Rhododendron rubiginosum

杜鹃花科　Ericaceae
杜鹃花属　*Rhododendron*

特征　常绿灌木或小乔木，高可达 6 米；枝条颇粗状，幼枝淡紫色，有鳞片。叶革质，密生枝顶，椭圆状披针形。伞形花序有花 4 ~ 8 朵；花冠漏斗状，蔷薇色或紫红色，有棕色点，外面有鳞片，雄蕊 10，略伸出。蒴果矩圆形，长达 1.5 厘米，有鳞片。

习性　花期 5 ~ 6 月。生于灌丛、林中。

环境　海拔 2600 ~ 2800 米的温性针阔混交林带，海拔 2800 ~ 3100 米的硬叶常绿阔叶林带（阳坡），海拔 2800 ~ 3100 米的暖性针叶林带（阴坡），海拔 3100 ~ 3800 米的寒温性针叶林带。

02

金黄杜鹃
Rhododendron rupicola var. chryseum

杜鹃花科　Ericaceae
杜鹃花属　*Rhododendron*

特征　常绿矮生芳香灌木，高 30 ~ 70 厘米；幼枝密生糠秕状深红色鳞片；叶革质，集生枝顶，卵形或倒卵状椭圆形，伞形花序顶生，紧缩，有花达 6 朵；花冠淡黄色至鲜黄色，花冠筒短漏斗状，外面无毛，喉部有白毛；雄蕊 5；子房中部以上有鳞片。

习性　花期 6 ~ 8 月。生于高山灌丛。

环境　海拔 3800 ~ 4000 米的亚高山灌丛带，海拔 4000 米以上的高山复合体带。

03

怒江杜鹃
Rhododendron saluenense

杜鹃花科　Ericaceae
杜鹃花属　*Rhododendron*

特征　常绿灌木，高达 1 米；枝条有鳞片和密刚毛；叶芽鳞近宿存。叶厚革质，矩圆状椭圆形。花序顶生，有花 2 ~ 3 朵；花芽鳞片近宿存；花冠宽钟状，外面有密软柔毛和疏鳞片；雄蕊 10，伸出，近基部有密长柔毛，花柱无毛，紫色。蒴果卵圆形，长约 5 毫米，有鳞片。

习性　生石坡上。

环境　海拔 4000 米以上的高山复合体带。

04

血红杜鹃
Rhododendron sanguineum

杜鹃花科　Ericaceae
杜鹃花属　*Rhododendron*

特征　常绿矮生灌木，高达 1 米；一年生枝略有疏白毛，无腺体。叶革质，簇生枝顶，倒卵形、宽卵形至狭矩圆形。顶生伞形花序有花 6 ~ 9 对；花冠肉质，钟状，无毛，全部深血红色，基部有 5 个囊状蜜腺；雄蕊 10，基部红。蒴果矩圆状圆柱形，有红毛。

习性　生松林中。

环境　海拔 3100 ~ 3800 米的寒温性针叶林带。

01

—

亮叶杜鹃
Rhododendron vernicosum

杜鹃花科　Ericaceae
杜鹃花属　*Rhododendron*

特征　常绿灌木或小乔木，高 2～7 米；小枝深棕色，无毛，干后稍有光泽；叶散生，薄革质，椭圆形。顶生短总状花序有花约 10 朵；花梗弯向下，花冠宽漏斗状钟形，白色至蔷薇色，雄蕊 14 枚，无毛。蒴果圆柱形，稍弯，光滑。

习性　花期 5～7 月。生于高山灌丛。

环境　海拔 3100～3800 米的寒温性针叶林带。

02

—

黄杯杜鹃
Rhododendron wardii

杜鹃花科　Ericaceae
杜鹃花属　　*Rhododendron*

特征　常绿灌木或小乔木，高达 4～7 米；幼枝有腺体，后变光滑。叶革质，矩圆状椭圆形至卵状椭圆形；顶生总状伞形花序有花 7～14 朵；花冠杯状，鲜黄色；裂片 5，有缺刻；雄蕊 10 枚，花丝无毛；子房有腺体，花柱通常有腺体。蒴果长 2.5 厘米，微弯。

习性　花期 7～8 月。生于高山灌丛、冷杉林下。

环境　海拔 3100～3800 米的寒温性针叶林带。

03

—

滇藏杜鹃
Rhododendron temenium

杜鹃花科　Ericaceae
杜鹃花属　*Rhododendron*

特征　常绿矮灌木，高 0.6～1 米；树皮灰褐色；分枝多，直立，幼枝有少数细刚毛及丛卷毛，老枝有膨大的瘤状节。冬芽顶生，圆锥形，无毛。叶小，革质，常 5～7 枚簇生枝顶，长圆形至长圆状椭圆形，上面深绿色，下面浅灰绿色。顶生总状伞形花序密，有花 4～6 朵；花冠管状钟形，长 3.4 厘米，宽 4.8 厘米，深红色，裂片 5 枚，扁圆形。蒴果圆柱形，长 8 毫米；浅褐色，有毛被残迹。

习性　花期 6～7 月，果期 8～10 月。

环境　海拔 3000～4350 米的高山灌丛草甸或砾石山上。

04

—

美被杜鹃
Rhododendron calostrotum

杜鹃花科　Ericaceae
杜鹃花属　*Rhododendron*

特征　直立小灌木。幼枝密被鳞片，无刚毛。叶片长圆状椭圆形或卵状椭圆形，顶端具小尖头，下面棕色，密被呈覆瓦状鳞片，排成 3～5 层，不压扁。花梗长 0.8～1.5 厘米，花冠宽漏斗状，长 1.5～2.5 厘米，紫红色或淡紫色，外面密被短柔毛，花丝基部密被柔毛；子房密被鳞片，有时有微柔毛，花柱红色。

习性　花期 5～7 月，果期 8～9 月。

环境　海拔 2400～4600 米的高山灌丛或岩坡。

01

—

弯月杜鹃
Rhododendron mekongense

杜鹃花科　Ericaceae
杜鹃花属　*Rhododendron*

特征　落叶灌木，分枝多，细而挺直。叶常迟于花发出，革质、倒卵形、倒披针形至倒卵状椭圆形，顶端圆钝，具短突尖，基部楔形，边缘疏被长纤毛，花序顶生，伞形，具 2 ~ 5 花，花芽鳞脱落；花梗长 1 ~ 2.5 厘米，疏生鳞片，无毛或疏被长刚毛；花萼 5 裂，裂片不等大，花冠钟状或宽钟状，长约 1.5 ~ 2.3 厘米，黄色或绿黄色，外面常被鳞片。

习性　花期 5 ~ 6 月。

环境　海拔 3000 ~ 3800 米的高山草坡阳处、竹林、冷杉、杜鹃林内或灌丛、林缘。

02

—

云雾杜鹃
Rhododendron chamaethomsonii

杜鹃花科　Ericaceae
杜鹃花属　*Rhododendron*

特征　直立灌木。叶具短柄，7 ~ 16 毫米，具腺体。叶被光滑或基部略有散生的微柔毛和腺体，顶生伞形花序，有花 1 ~ 4 朵；花冠管状钟形，深红色，外面基部有微柔毛。

习性　花期 6 月。

环境　海拔 4200 ~ 4500 米的高山湿润岩坡上。

03

—

多趣杜鹃
Rhododendron stewartianum

杜鹃花科　Ericaceae
杜鹃花属　*Rhododendron*

特征　小灌木，高 1 ~ 2 米；叶常 4 ~ 5 枚密生于枝顶，革质，倒卵形至椭圆形；顶生短总状伞形花序，有花 3 ~ 7 朵；花冠钟状或管状，颜色多变，白色、淡黄色、蔷薇色至深红色，5 裂，有深色的边缘。

习性　花期 5 ~ 6 月，果期 10 ~ 11 月。

环境　海拔 3000 ~ 4000 米的竹林、杜鹃灌丛及岩石坡上。

04

—

樱草杜鹃
Rhododendron primuliflorum

杜鹃花科　Ericaceae
杜鹃花属　*Rhododendron*

特征　常绿小灌木，叶芽鳞早落。叶革质，芳香，下面密被重叠成 2 ~ 3 层鳞片；花萼长 3 ~ 6 毫米，外面疏被鳞片，花冠狭筒状漏斗形，长 1.2 ~ 1.9 厘米，白色具黄色的管部，罕全部为粉红或蔷薇色，花管长 6 ~ 12 毫米，内面喉部被长柔毛，花丝无毛，子房被鳞，花柱与子房等长，光滑。

习性　花期 5 ~ 6 月，果期 7 ~ 9 月。生于高山灌丛，花和叶芳香。

环境　海拔 3400 ~ 5100 米的山坡灌丛、高山草甸、岩坡或沼泽草甸。

01

毛喉杜鹃
Rhododendron cephalanthum

杜鹃花科　Ericaceae
杜鹃花属　*Rhododendron*

特征　常绿小灌木。半匍匐状或平卧状，罕直立，高 0.3 ~ 0.6（1.5）米。枝条短而粗壮，灰棕褐色，幼枝被毛和鳞片。叶厚革质，长圆状椭圆形或长圆状卵形，芳香；花序顶生，5 ~ 10 花密集成头状；花冠白色或粉红至玫瑰色，外面无鳞片。

习性　花期 5 ~ 7 月，果期 9 ~ 11 月。

环境　海拔 3000 ~ 4600 米的多石坡地、高山灌丛草甸。

02

岩须
Cassiope selaginoides

杜鹃花科　Ericaceae
岩须属　*Cassiope*

特征　常绿矮小半灌木，高 5 ~ 25 厘米；枝条多而密，外倾上升或铺散，有交互对生的密叶。叶披针形至披针状矩圆形。花单生叶腋，下垂；花冠乳白色，宽钟状，5 裂；雄蕊 10 枚，花丝背面有毛。蒴果球形。

习性　花期 6 ~ 8 月。生于高山岩石上或草坡。

环境　海拔 2000 ~ 2600 米的亚热带干暖河谷，海拔 2600 ~ 2800 米的温性针阔混交林带，海拔 2800 ~ 3100 米的硬叶常绿阔叶林带（阳坡），海拔 2800 ~ 3100 米的暖性针叶林带（阴坡），海拔 3100 ~ 3800 米的寒温性针叶林带，海拔 3800 ~ 4000 米的亚高山灌丛带，海拔 4000 米以上的高山复合体带。

03

篦叶岩须
Cassiope pectinata

杜鹃花科　Ericaceae
岩须属　*Cassiope*

特征　常绿矮小灌木，高 15 ~ 30 厘米；分枝多，粗壮，常直立，稀蔓生。叶背面沟槽近达叶顶端，边缘具篦齿状锯齿，稀锯齿不明显，齿尖具毛。花单朵，腋生，下垂；花冠白色，长约 6 毫米，两面无毛，口部 5 裂，裂片卵形。

习性　花期 5 ~ 7 月，果期 8 ~ 10 月。

环境　海拔 3200 ~ 4600 米的灌丛、草甸、岩石上或冷杉林下。

04

朝天岩须
Cassiope palpebrata

杜鹃花科　Ericaceae
岩须属　*Cassiope*

特征　常绿矮小半灌木，高 6 ~ 8 厘米；枝条密而直立或外倾，叶在枝上四行密生而几不覆瓦状排列，多少开展，斜向上。叶片革质，披针形或近椭圆形，先端钝圆，基部楔形，背面平坦，仅近边缘加厚，边缘每边各有 3 ~ 5 根长约 1 毫米的刚毛生于齿上，其余部分无毛。花单朵，腋生；花梗纤细，先端直立或微下弯，密被黄褐色长柔毛；花冠钟形，白色，成熟果实未见。

习性　花期 7 ~ 9 月。

环境　3000 ~ 4300 米的高山风化岩石堆上或苔藓灌丛中。

01

——

大苞越橘
Vaccinium modestum

杜鹃花科　Ericaceae
越橘属　*Vaccinium*

特征　落叶灌木，植株矮小，地上部分高 5 ~ 10 厘米，地下有细长匍匐的根茎；全株不被茎纤细，直立或基部稍平卧，分枝或不分枝。叶片生于茎的上部，卵形、倒卵形，椭圆形至卵圆形，叶柄较短，有时近于无柄。花单生于上部叶腋，略下垂，具细长、劲直的花梗。

习性　花期 6 ~ 8 月，果期 8 ~ 9 月。

环境　海拔 2500 ~ 4000 米的岩壁上、冷杉林间、高山灌丛草甸。

02

——

水晶兰
Monotropa uniflora

杜鹃花科　Ericaceae
水晶兰属　*Monotropa*

特征　多年生草本。腐生，茎直立，单一，顶生。高 10 ~ 30 厘米，全株无叶绿素，白色，肉质，干后变黑褐色。根细而分枝密，交结成鸟巢状。叶鳞片状，直立，互生，长圆形或狭长圆形或宽披针形，花单一，顶生，先下垂，后直立，花冠筒状钟形，花瓣 5 ~ 6 枚，离生，楔形或倒卵状长圆形，有不整齐的齿。

习性　花期 8 ~ 9 月；果期（9）10 ~ 11 月。

环境　海拔 800 ~ 3850 米的山地林下。

03

——

景天点地梅
Androsace bulleyana

报春花科　Primulaceae
点地梅属　*Androsace*

特征　多年生草本。根状茎粗状；叶基生，排列成莲花状；叶片较厚，革质，类似景天属，匙形。花葶多条，被纤毛；伞形花序多花；有较长的腺毛；花梗被腺毛，花萼钟状，深裂卵状三角形；花冠红色，艳丽，高角碟状，多少带肉质，裂片倒卵形。

习性　花期 5 ~ 8 月。多生于石草坡、松林下。

环境　海拔 2000 ~ 2600 米的亚热带干暖河谷，海拔 2600 ~ 2800 米的温性针阔混交林带，海拔 2800 ~ 3100 米的硬叶常绿阔叶林带（阳坡），海拔 2800 ~ 3100 米的暖性针叶林带（阴坡），海拔 3100 ~ 3800 米的寒温性针叶林带。

01

—

硬枝点地梅
Androsace rigida

报春花科　Primulaceae
点地梅属　*Androsace*

特征　多年生草本。根出条数条，坚硬，蔓生匍匐，顶端着生新叶丛；叶本型，外层叶舌状至线形；伞形花序有 3 ~ 7 花；苞片长圆状线形，顶端钝，基部略呈囊状；花萼长 3 毫米，裂片三角形，被微硬毛；花冠粉红色，裂片倒卵形，顶端圆。

习性　花期 6 ~ 7 月。生于多石草坡、灌丛。

环境　海拔 2800 ~ 3100 米的硬叶常绿阔叶林带（阳坡），海拔 2800 ~ 3100 米的暖性针叶林带（阴坡），海拔 3100 ~ 3800 米的寒温性针叶林带。

02

—

刺叶点地梅
Androsace spinulifera

报春花科　Primulaceae
点地梅属　*Androsace*

特征　多年生草本。根状茎木质，粗壮；老叶柄宿存。鳞叶披针状三角形，层叠，被腺毛；叶片矩圆状倒卵形或倒披针形，顶端锐尖，具针刺，基部下延狭窄成翅柄，中脉明显，边缘具睫毛。伞形花序球状；花冠粉红色、紫红色或淡紫色，喉部玫瑰红色，裂片倒卵形，顶端全缘。

习性　花期 6 ~ 7 月。生于多石草坡。

环境　海拔 2800 ~ 3100 米的硬叶常绿阔叶林带（阳坡），海拔 2800 ~ 3100 米的暖性针叶林带（阴坡），海拔 3100 ~ 3800 米的寒温性针叶林带。

03

—

滇西北点地梅
Androsace delavayi

报春花科 Primulaceae
点地梅属　*Androsace*

特征　多年生垫状草本。莲座状叶丛顶生，叶近同型；内层叶阔倒卵形至舌状倒卵形，背面上半部被硬毛，先端具流苏状的缘毛，腹面近于无毛；外层叶少数，近顶端有稀疏缘毛。花单生于叶丛中或 4 朵集于花葶端；苞片长于花梗；花冠白色或粉红色。

习性　花期 6 ~ 7 月。

环境　海拔 3000 ~ 4500 米，多石砾的山坡和岩石缝中。

01
—
短叶紫晶报春
Primula amethystina ssp. brevifolia

报春花科　Primulaceae
报春花属　*Primula*

特征　多年生草本，地下茎短，根粗壮散生，全株无毛。叶革质，矩圆形或匙形，顶端圆形，基部楔形下延成翅，边缘具骨质锯齿。伞形花序有花 4 ~ 10 朵；苞片长披针形；花梗细弱下垂；花萼宽钟状，裂片短，钻形；花冠钟状，深紫色，裂片缝状分裂。

习性　花期 6 ~ 7 月，果期 8 月。

环境　海拔 3100 ~ 3800 米的寒温性针叶林带，海拔 3800 ~ 4000 米的亚高山灌丛带。

02
—
山丽报春
Primula bella

报春花科　Primulaceae
报春花属　*Primula*

特征　多年生小草本，常成丛生长。地下茎短，由此发出数个叶丛。叶丛短小，基部有少数枯叶；叶片倒卵状形、近圆形或匙形；花单生或 2 ~ 3 朵成伞形花序；花冠蓝紫色、紫色或紫红色，冠筒稍长于花萼，内面在筒口形成毛丛，冠檐平展，小裂片全缘或有不规则齿。

习性　花期 6 ~ 8 月。生于高山草甸、灌丛、石隙和流石滩。

环境　海拔 3100 ~ 3800 米的寒温性针叶林带，海拔 3800 ~ 4000 米的亚高山灌丛带，海拔 4000 米以上的高山复合体带。

03
—
糙毛报春
Primula blinii

报春花科　Primulaceae
报春花属　*Primula*

特征　多年生小草本。根状茎短粗，有多数纤维状长根。叶片长圆形或卵形、近圆形；伞形花序 2 ~ 7 花；苞片披针形或线状披针形；花梗长 2 ~ 20 毫米；花萼狭钟状至钟状，明显具 5 脉，裂片披针形；花冠粉红、紫红或紫蓝色，喉部具环或无环，裂片先端深凹缺。

习性　花期 6 ~ 8 月。生于高山栎林下、杜鹃灌丛下、石崖上。

环境　海拔 3100 ~ 3800 米的寒温性针叶林带，海拔 3800 ~ 4000 米的亚高山灌丛带。

04
—
木里报春
Primula boreiocalliantha

报春花科　Primulaceae
报春花属　*Primula*

特征　多年生草本；根状茎粗短。叶丛基部由鳞片和叶柄包叠成假茎；叶披针形、长圆状倒披针形或长椭圆形；伞形花序 1 ~ 2 轮，每轮有花 2 ~ 5 朵，花冠紫蓝色或紫红色，口部被淡黄色粉，无环状附属物，裂片先端深 2 裂，小裂片全缘或有大小深浅不等的裂齿。

习性　花期 5 ~ 8 月。生于高山草甸、岩坡、灌丛和林下。

环境　海拔 3100 ~ 3800 米的寒温性针叶林带，海拔 3800 ~ 4000 米的亚高山灌丛带。

01

—

穗花报春
Primula deflexa

报春花科　Primulaceae
报春花属　*Primula*

特征　多年生草本。根状茎短，须根细长。叶片倒卵形或长圆形；花序短穗状，多花，无粉或有时被黄色粉；苞片舌状或披针形，具小缘毛；花萼坛状，裂片卵圆形，外带紫褐色；花冠蓝色、深紫色或粉紫色，冠檐稍张开，裂片倒心形，顶端凹缺。

习性　花期 6 ~ 8 月。生于草坡、林下或沼泽。

环境　海拔 3100 ~ 3800 米的寒温性针叶林带，海拔 3800 ~ 4000 米的亚高山灌丛带。

02

—

石岩报春
Primula dryadifolia

报春花科　Primulaceae
报春花属　*Primula*

特征　多年生矮小草本。根状茎粗壮伸长，常多数分支形成垫状体。叶常绿，簇生或互生；叶片卵形、椭圆形或近圆形；花冠淡红、紫色或蓝紫色，冠筒与花萼近等长，喉部具环状附属物，裂片先端深凹缺，小裂片全缘或有 2 ~ 3 齿。

习性　花期 5 ~ 7 月。生于高山草甸、石壁和岩缝。

环境　海拔 3100 ~ 3800 米的寒温性针叶林带，海拔 3800 ~ 4000 米的亚高山灌丛带，海拔 4000 米以上的高山复合体带。

03

—

春花脆蒴报春
Primula hookeri

报春花科　Primulaceae
报春花属　*Primula*

特征　多年生草本，具粗短的根状茎和肉质长根。叶丛基有覆瓦状包叠的鳞片；鳞片卵形至矩圆形；花冠白色，冠筒长 7 ~ 8 毫米，喉部具环状附属物，裂片近直立，矩圆形，先端近截形或微具凹缺。花同型，雄蕊近冠筒中部着生，柱头微高出花药。

习性　花期 6 ~ 7 月。生长于高山草地、多石的山坡和林下。

环境　海拔 4000 米以上的高山复合体带。

01

03

02

01
—

雅江报春
Primula munroi ssp. yargongensis

报春花科　Primulaceae
报春花属　*Primula*

特征　多年生草本，全株无粉。根状茎短，具多数须根。叶丛基部无越年枯叶；叶片卵形、矩圆形或近圆形，花冠蓝紫色或紫红色，冠筒口周围黄色，喉部具环状附属物，裂片倒卵形，先端深 2 裂。蒴果长圆体状，稍短于花萼。

习性　花期 6 ~ 8 月。生于山坡湿草地、草甸和沼泽地。

环境　海拔 3100 ~ 3800 米的寒温性针叶林带，海拔 3800 ~ 4000 米的亚高山灌丛带。

02
—

偏花报春
Primula secundiflora

报春花科　Primulaceae
报春花属　*Primula*

特征　多年生草本。根状粗，具多数条状长根。叶多数，丛生，内层叶长于外层叶；叶片带状长圆形或倒卵状长圆形；花冠宽钟状，紫红色或深紫蓝色，长1.5 ~ 2.5 厘米，喉部无环状附属物，冠檐直径 1.5 ~ 2.5 厘米，裂片倒卵形长圆形，顶端圆或微凹。

习性　花期 5 ~ 7 月。生于亚高山沼泽草甸、林缘。

环境　海拔 2800 ~ 3100 米的硬叶常绿阔叶林带（阳坡），海拔 2800 ~ 3100米的暖性针叶林带（阴坡），海拔 3100 ~ 3800 米的寒温性针叶林带。

03
—

钟花报春
Primula sikkimensis

报春花科　Primulaceae
报春花属　*Primula*

特征　多年生草本，除花序有粉外，其余无粉。根状茎粗短，向下发出一丛密集的须根。叶片椭圆形或长圆形；花冠宽黄色或乳黄色，喉部无环状附属物，冠檐直径 1 ~ 2.5 厘米，裂片直立，长圆形或近长方形，先端浅凹缺。

习性　花期 5 ~ 8 月。生于高山沼泽草甸、林缘、灌丛。

环境　海拔 2800 ~ 3100 米的硬叶常绿阔叶林带（阳坡），海拔 2800 ~ 3100米的暖性针叶林带（阴坡），海拔 3100 ~ 3800 米的寒温性针叶林带。

04
—

紫花雪山报春
Primula chionantha

报春花科　Primulaceae
报春花属　*Primula*

特征　多年生草本；根茎粗壮。叶丛基部由鳞叶和叶柄包叠成假茎；叶长圆状椭圆形、长圆状披针形或倒披针形，外层叶有时卵形；花冠紫蓝色、紫色或紫红色，冠筒长 11 ~ 13 毫米，有环状附属物，冠檐直径 1.5 ~ 2.5 厘米，裂片椭圆形，全缘。

习性　花期 5 ~ 7 月。生于高山草甸、流石滩草甸、灌丛和林下。

环境　海拔 3100 ~ 3800 米的寒温性针叶林带，海拔 3800 ~ 4000 米的亚高山灌丛带，海拔 4000 米以上的高山复合体带。

01

—

苣叶报春
Primula sonchifolia

报春花科　Primulaceae
报春花属　*Primula*

特征　多年生草本。根状茎具膜质鳞片。叶纸质，椭圆形或长椭圆形，长 10 ~ 20 厘米，顶端突尖，基部下延，全缘或有粗细不等的缺刻，光滑或有白色粉；叶柄短；花冠紫红色，漏斗状，直径 2.5 厘米，花筒长 1 厘米，裂片宽椭圆形，顶端全缘或分裂。

习性　多生于高山草原岩石上，叶形变异很大。

环境　海拔 3100 ~ 3800 米的寒温性针叶林带。

02

—

茴香灯台报春
Primula anisodora

报春花科　Primulaceae
报春花属　*Primula*

特征　多年生草本，全株无毛，不被粉。叶丛自极短而肥厚的根茎发出，下面有一丛粗长的支根和多数纤维状须根；叶片倒卵状长圆形至倒披针形，先端钝或圆形，基部渐狭窄，下延，边缘具近于整齐的小牙齿，鲜时揉碎有茴香气味；叶柄甚短或长达叶片的 1/3，具宽翅。花葶粗壮，高 30 ~ 60 厘米，具伞形花序 3 ~ 5 轮，每轮通常 6 ~ 10 花；苞片线形至线状披针形，开花时稍下弯，果时直立；花萼杯状；花冠漏斗状，深紫色，冠筒口周围绿色。蒴果稍长于花萼。

习性　花期 5 ~ 6 月。

环境　海拔 3200 ~ 3700 米的湿润的高山草地。

03

—

黛粉美花报春
Primula calliantha ssp. bryophila

报春花科　Primulaceae
报春花属　*Primula*

特征　多年生草本。根状茎短，具多数长根。叶丛基部有多数覆瓦状排列的鳞片，呈鳞茎状；叶片狭卵形或倒卵状矩圆形至倒披针形，花萼较短，长 6 ~ 9 毫米，花冠筒较窄，长 13 ~ 14 毫米（长花柱花）或 15 ~ 17 毫米（短花柱花），约长于花萼 1 倍；花大，花冠淡紫红色至深蓝色，喉部被黄粉。

习性　花期 4 ~ 6 月，果期 7 ~ 8 月。

环境　海拔 3800 ~ 4500 米的高山草地和杜鹃丛中。

04

—

灰岩皱叶报春
Primula forrestii

报春花科　Primulaceae
报春花属　*Primula*

特征　多年生草本。根茎粗壮，木质，长 4 ~ 13 厘米，密被残留的枯叶柄，直径达 1.5 厘米。叶簇生于根茎端，叶片卵状椭圆形至椭圆状矩圆形，叶柄被褐色柔毛，近基部增宽，略呈鞘状。花葶通常高 7 ~ 25 厘米，直立，被褐色腺毛；伞形花序 7 ~ 25 花，被褐色柔毛；花冠深金黄色，筒部仅稍长于花萼，裂片阔倒心形至近圆形，先端 2 裂，长花柱花；蒴果卵球形，短于花萼。

习性　花期 4 ~ 5 月。

环境　海拔 3000 ~ 3200 米的山坡林下和石灰岩缝中。

01

02

03

04

01

—

小苞报春
Primula bracteata

报春花科　Primulaceae
报春花属　*Primula*

特征　多年生垫状草本。根状茎粗壮，木质，长可达 15 厘米，常有分枝，密被褐色枯叶柄。叶片椭圆形、狭矩圆形至倒披针形，粉黄色或乳白色；叶柄与叶片近等长，花葶藏于叶丛中，高 0.5 ~ 5 厘米，或有时无花葶而花单生；伞形花序 2 ~ 10 花，被柔毛；花萼钟状，外面被腺毛，裂片卵状矩圆形至披针形，先端锐尖或钝；花冠黄色、白色或淡紫红色而冠筒口周围黄色，冠筒管状，长于花萼 0.5 ~ 1 倍。
习性　花期 3 ~ 5 月。
环境　海拔 2500 ~ 3500 米的山谷岩石缝中。

02

—

中甸灯台报春
Primula chungensis

报春花科　Primulaceae
报春花属　*Primula*

特征　多年生草本。叶椭圆形、矩圆形或倒卵状矩圆形，基部楔状渐窄。花葶节上微被粉，伞形花序 1 ~ 5 轮，每轮具 3 ~ 12 朵花，多为同型花，有时异型；花萼钟状，裂片三角形；花冠淡橙黄色，喉部具环状附属物。蒴果卵圆形，长于花萼。
习性　花期 5 ~ 6 月。
环境　海拔 2900 ~ 3200 米的林间草地和水边。

03

—

小花灯台报春
Primula prenantha

报春花科　Primulaceae
报春花属　*Primula*

特征　多年生小草本。无粉。叶片矩圆状倒卵形或倒卵状椭圆形。伞形花序 1 ~ 2 轮，每轮 2 ~ 8 朵花；花同型；花萼钟状，裂片三角形；花冠黄色，花冠筒长 5 ~ 7.5 毫米，冠檐直径 6 ~ 9 毫米，花冠裂片矩圆状倒卵形，长 2 ~ 3.5 毫米，喉部具环状附属物。蒴果近球形，与花萼等长或稍长于花萼。
习性　花期 5 ~ 6 月。
环境　海拔 2400 ~ 3300 米的高山草地和沼泽草甸中。

01

02

03

01
—

中甸独花报春
Omphalogramma
forrestii

报春花科　Primulaceae
独花报春属　*Omphalogramma*

特征　多年生草本。叶丛基部具鳞片包叠的部分通常较短，不超过 3 厘米。叶与花葶同时自根茎抽出；叶片倒披针形至矩圆形或倒卵形，基部通常渐狭，全缘或具极不明显的小圆齿，两面均被多细胞柔毛。花冠深紫蓝色，高脚碟状，裂片通常为倒卵形或倒卵状椭圆形，顶端具浅或深凹缺；花丝、子房和花柱均无毛。蒴果筒状。

习性　花期 5 ~ 6 月。

环境　海拔 2200 ~ 4600 米的潮湿草地和灌丛中。

02
—

独蒜兰
Pleione bulbocodioides

兰科　Orchidaceae
独蒜兰属　*Pleione*

特征　附生、石生或地生小草本。假鳞茎绿色卵形、狭卵形或圆锥形，假鳞茎一年生，常较密集。花葶从老鳞茎基部发出，与叶同时或不同时出现；花序 1 朵花，罕为 2 朵；花大，较艳丽，唇瓣明显大于萼片，上部边缘啮蚀状或撕裂状；蕊柱细长，稍弯曲，具翅，翅在顶端扩大。

习性　花期 5 ~ 6 月。

环境　海拔 900 ~ 3600 米荫蔽的岩石上和杜鹃灌丛下。

03
—

斑叶兰
Goodyera
schlechtendaliana

兰科　Orchidaceae
斑叶兰属　*Goodyera*

特征　多年生草本。植株高 15 ~ 35 厘米。根状茎伸长，茎状，匍匐，具节。茎直立，绿色，具 4 ~ 6 枚叶。叶片卵形或卵状披针形，上面绿色，具白色不规则的点状斑纹，背面淡绿色，先端急尖，基部近圆形或宽楔形，基部扩大成抱茎的鞘。花茎直立，总状花序具几朵至 20 余朵疏生近偏向一侧的花；白色或带粉红色，半张开；花瓣菱状倒披针形，无毛。

习性　花期 8 ~ 10 月。

环境　海拔 500 ~ 2800 米的山坡或沟谷阔叶林下。

04
—

西藏无柱兰
Ponerorchis tibetica

兰科　Orchidaceae
小红门兰属　*Ponerorchis*

特征　多年生草本。植株高 6 ~ 8 厘米。花苞片长圆状披针形，先端近急尖，常与子房等长或稍较长，但短于花；花单生于茎顶端，较大，近直立，深玫瑰红色或紫红色；唇瓣轮廓为倒卵形或心形，基部宽楔形，具距，中部或中部以上 3 裂，距下垂，圆柱形，向前弯曲，长 8 ~ 9 毫米，约与子房等长或稍长。

习性　花期 8 月。

环境　海拔 3660 ~ 4350 米的高山潮湿草地。

01

—

西南山兰
Oreorchis angustata

兰科　Orchidaceae
山兰属　*Oreorchis*

特征　地生草本。假鳞茎近梨形，叶柄长达 6 厘米。花葶从假鳞茎侧面发出，长达 30 厘米，中下部有 2 枚筒状鞘；总状花序长约 11 厘米，疏生多花；花苞片披针形，花瓣狭卵状披针形，先端近急尖；唇盘上有 2 条纵褶片，延伸至中裂片基部以上。

习性　花期 6 月。

环境　海拔约 3000 米的山坡草地或开旷多石之地。

02

—

少花虾脊兰 (少花鹤顶兰)
Calanthe delavayi

兰科　Orchidaceae
虾脊兰属　*Calanthe*

特征　地生草本。叶常席卷或在花期尚未全部展开。花葶出自叶腋或假鳞茎基部，直立，通常密被毛。总状花序顶生，花小至中等大；萼片近相似，离生；花瓣比萼片小；唇瓣基部与蕊柱翅合生而形成管，或仅与蕊柱基部合生，或贴生在蕊柱足末端而与蕊柱分离；蕊柱通常粗短，两侧具翅。

习性　花期 6 ~ 7 月。

环境　海拔 2700 ~ 3450 米的山谷溪边和混交林下。

03

—

宽口杓兰
Cypripedium wardii

兰科　Orchidaceae
杓兰属　*Cypripedium*

特征　地生草本。植株高 10 ~ 20 厘米，具略细长的根状茎。茎直立，较细弱，被短柔毛，基部具数枚鞘，鞘以上具 2 ~ 4 枚叶。叶片椭圆形至椭圆状披针形，边缘具细缘毛，基部收狭而成鞘状。花序顶生，具 1 花；花序柄纤细，被短柔毛；花较小，略带淡黄的白色，唇瓣囊内和囊口周围有紫色斑点；中萼片椭圆形或卵状椭圆形；唇瓣深囊状，近倒卵状球形，有较宽阔的囊口；退化雄蕊狭舌状至倒卵状椭圆形，狭于柱头。花期 6 ~ 7 月。

环境　海拔 2500 ~ 3500 米的密林下、石灰岩岩壁上或溪边岩石上。

04

—

紫点杓兰
Cypripedium guttatum

兰科　Orchidaceae
杓兰属　*Cypripedium*

特征　地生草本。株高 15 ~ 25 厘米，具细长而横走的根状茎。茎直立，被短柔毛和腺毛，基部具数枚鞘，顶端具叶。叶 2 枚，极罕 3 枚，花序顶生，具 1 花；花白色，具淡紫红色或淡褐红色斑。

习性　花期 5 ~ 7 月，果期 8 ~ 9 月。

环境　海拔 500 ~ 4000 米的林下、灌丛中或草地上。

01
—
云南杓兰
Cypripedium yunnanense

兰科　Orchidaceae
杓兰属　*Cypripedium*

特征　地生草本。根状茎粗短。3 ~ 4 枚叶。花序顶生，具 1 朵花；花略小，粉红色、淡紫红色或偶见灰白色，有深色的脉纹。
习性　花期 5 ~ 6 月。
环境　海拔 2700 ~ 3800 米的松林下、灌丛中或草坡上。

02
—
康定玉竹
Polygonatum prattii

百合科　Liliaceae
黄精属　*Polygonatum*

特征　根状茎细圆柱形，近等粗，直径 3 ~ 5 毫米。茎高 8 ~ 30 厘米。叶 4 ~ 15 枚，下部的为互生或间有对生，上部的以对生为多，顶端的常为 3 枚轮生，椭圆形至矩圆形，先端略钝或尖，长 2 ~ 6 厘米，宽 1 ~ 2 厘米。花序通常具 2 ~ 3 朵花，总花梗长 2 ~ 6 毫米，花梗长 5 ~ 6 毫米，俯垂；花被淡紫色，全长 6 ~ 8 毫米，裂片长 1.5 ~ 2.5 毫米；花丝极短，花药长约 1.5 毫米；子房长约 1.5 毫米，具约与之等长或稍短的花柱。浆果紫红色至褐色，直径 5 ~ 7 毫米，具 1 ~ 2 颗种子。
习性　花期 5 ~ 6 月，果期 8 ~ 10 月。
环境　海拔 2500 ~ 3300 米的林下、灌丛或山坡草地。

03
—
西南吊兰
Chlorophytum nepalense

天门冬科　Asparagaceae
吊兰属　*Chlorophytum*

特征　多年生草本，叶形变化较大，长条形、条状披针形至近披针形，长 8 ~ 60 厘米，基部有时收狭成柄状。花葶单个，通常比叶长；花白色，单生或 2 ~ 3 朵簇生，通常排成疏离的总状花序，较少具侧枝而成圆锥花序。
习性　花果期 7 ~ 9 月。
环境　海拔 1300 ~ 2750 米的林缘、草坡或山谷岩石上。

04
—
紫花鹿药
Maianthemum purpureum

天门冬科　Asparagaceae
舞鹤草属　*Maianthemum*

特征　多年生草本。植株高 25 ~ 60 厘米；具 5 ~ 9 枚叶。通常为总状花序，花白色或花瓣内面绿白色，外面紫色；花被片完全离生。
习性　花期 6 ~ 7 月，果期 9 月。生于山坡、沟谷、灌木林下。
环境　海拔 3200 ~ 4000 米灌丛下或林下。

01

02

03

04

01
—

独尾草
Eremurus chinensis

阿福花科　Asphodelaceae
独尾草属　*Eremurus*

特征　植株高 60 ~ 120 厘米。花极多，在花葶上形成稠密的长达 30 ~ 40 厘米的总状花序；苞片长 8 ~ 20 毫米，比花梗短，先端有长芒，无毛，有一条暗褐色脉；花被窄钟状；花被片白色，长椭圆形，蒴果表面常有皱纹，带绿黄色，熟时果柄近平展。
习性　花期 6 月，果期 7 月。
环境　海拔 1000 ~ 2900 米的石质山坡和悬岩石缝中。

02
—

野葱
Allium chrysanthum

石蒜科　Amaryllidaceae
葱属　*Allium*

特征　鳞茎圆柱状至狭卵状圆柱形，外皮红褐色至褐色，薄革质，常条裂。叶圆柱状，中空，比花葶短；花葶圆柱状，中空，高 20 ~ 50 厘米，下部被叶鞘；总苞 2 裂，近与伞形花序等长；伞形花序球状，具多而密集的花；小花梗近等长，略短于花被片至为其长的 1.5 倍，基部无小苞片；花黄色至淡黄色，花柱伸出花被外。
习性　花果期 7 ~ 9 月。
环境　海拔 2000 ~ 4500 米的山坡或草地上。

03
—

高山韭
Allium sikkimense

石蒜科　Amaryllidaceae
葱属　*Allium*

特征　多年生草本，有鳞茎，通常具有特殊的葱蒜气味。叶狭条形，扁平，比花葶短，花葶圆柱状，高 15 ~ 40 厘米，有时矮到 5 厘米。总苞单侧开裂，早落；花钟状，天蓝色；花被片卵形或卵状矩圆形，先端钝，长 6 ~ 10 毫米。
习性　花果期 7 ~ 9 月。
环境　海拔 2400 ~ 5000 米的山坡、草地、林缘或灌丛下。

04
—

钟花韭
Allium kingdonii

石蒜科　Amaryllidaceae
葱属　*Allium*

特征　多年生草本，有鳞茎，通常具有特殊的葱蒜气味。花葶圆柱状，高 10 ~ 30 厘米，总苞淡紫红色，花紫红色，钟状；花被片长矩圆形，长 13 ~ 18 毫米。
习性　花果期 6 月底至 8 月。
环境　海拔 4500 ~ 5000 米的山坡湿地或灌丛下。

01
—

阿墩子龙胆
Gentiana atuntsiensis

龙胆科　Gentianaceae
龙胆属　*Gentiana*

特征　多年生草本，高 5 ~ 20 厘米，基部被黑褐色枯老膜质叶鞘包围。叶大部分基生，狭椭圆形或倒坡针形，先端钝或钝圆；花冠深蓝色，有时具蓝色斑点，无条纹，漏斗形。蒴果内藏，椭圆状披针形；种子黄褐色，有光泽，宽矩圆形，表面具海绵状网隙。

习性　花果期 6 ~ 11 月。生于林下、灌丛中、高山草甸。

环境　海拔 2600 ~ 2800 米的温性针阔混交林带，海拔 2800 ~ 3100 米的硬叶常绿阔叶林带（阳坡），海拔 2800 ~ 3100 米的暖性针叶林带（阴坡），海拔 3100 ~ 3800 米的寒温性针叶林带。

02
—

粗茎秦艽
Gentiana crassicaulis

龙胆科　Gentianaceae
龙胆属　*Gentiana*

特征　多年生草本，高达 30 ~ 60 厘米。根圆柱形。茎直立，粗壮，基部密被残叶纤维。叶卵状披针形或卵状椭圆形，聚伞花序，顶生或簇生叶腋，花多数；花萼膜质，一侧开裂，长为花冠的 1/3；花冠筒状漏斗形，蓝紫色，裂片卵状三角形，褶截形；雄蕊 5 枚。

习性　花期 6 ~ 9 月。生于草甸、草坡。

环境　海拔 2600 ~ 2800 米的温性针阔混交林带，海拔 2800 ~ 3100 米的硬叶常绿阔叶林带（阳坡），海拔 2800 ~ 3100 米的暖性针叶林带（阴坡），海拔 3100 ~ 3800 米的寒温性针叶林带。

03
—

叶萼龙胆
Gentiana phyllocalyx

龙胆科　Gentianaceae
龙胆属　*Gentiana*

特征　多年生草本，具长根茎。须根少数，细瘦。枝稀疏丛生或单生，直立，黄绿色，光滑。叶密集呈莲座状，茎生叶 2 ~ 5 对，稀疏排列，叶片倒卵形，花单生枝顶，无花梗；花冠蓝色，有深蓝色条纹，筒状钟形。

习性　花果期 6 ~ 10 月。

环境　海拔 3000 ~ 5200 米的山坡草地、石砾山坡、灌丛中、岩石上。

04
—

苍白龙胆
Gentiana forrestii

龙胆科　Gentianaceae
龙胆属　*Gentiana*

特征　一年生草本，高 3 ~ 5 厘米。茎淡紫红色，光滑，在基部多分枝，似丛生，枝再作 2 ~ 3 次二歧分枝，铺散，斜升。基生叶甚大，苞叶状，在花期枯萎，宿存，卵圆形或倒卵圆形，茎生叶 3 ~ 6 对，疏离，远短于节间，开展，匙形、倒卵状匙形至线形，边缘有不明显的膜质，密生细乳突或近光滑，两面光滑，叶脉 1 ~ 3 条；花数朵，单生于小枝顶端，花冠内面淡蓝色或白色，外面有深蓝紫色宽条纹，有时喉部有深蓝色斑点，漏斗形。

习性　花果期 4 ~ 8 月。

环境　海拔 3000 ~ 4200 米的山坡草地、高山草甸。

01

大花龙胆
Gentiana szechenyii

龙胆科　Gentianaceae
龙胆属　*Gentiana*

特征　多年生草本。主根粗大，短缩，圆柱形，具多数略肉质的须根。花枝数个丛生，光滑。叶常对折，基部稍扩大，边缘白色软骨质，先端渐尖，中脉粗糙；莲座丛叶发达，剑状披针形，茎生叶少 2 ~ 4 对，包裹花萼。花单生枝顶，无花梗；花冠上部蓝色或蓝紫色，下部黄白色，具蓝灰色宽条纹，筒状钟形。

习性　花果期 6 ~ 11 月。

环境　海拔 3000 ~ 4800 米的山坡草地。

02

高山龙胆
Gentiana algida

龙胆科　Gentianaceae
龙胆属　*Gentiana*

特征　多年生草本。基部被黑褐色枯老膜质叶鞘包围。根茎短缩，直立或斜伸，具多数略肉质的须根。花枝直立，黄绿色，近圆形，中空，光滑。叶大部分基生，常对折，线状椭圆形和线状披针形，花常 1 ~ 3 朵，稀至 5 朵，花冠黄白色，具多数深蓝色斑点，尤以冠檐部为多，筒状钟形或漏斗形。

习性　花果期 7 ~ 9 月。

环境　海拔 1200 ~ 5300 米的山坡草地、河滩草地、灌丛中、林下、高山冻原。

03

蓝白龙胆
Gentiana leucomelaena

龙胆科　Gentianaceae
龙胆属　*Gentiana*

特征　多年生草本。基生叶稍大，卵圆形或卵状椭圆形，叶脉不明显，或具 1 ~ 3 条细脉，叶柄宽，光滑；茎生叶小，疏离，短于或长于节间，椭圆形至椭圆状披针形，稀下部叶为卵形或匙形。花数朵，单生于小枝顶端；花梗黄绿色，光滑，花萼钟形，花冠白色或淡蓝色，稀蓝色，外面具蓝灰色宽条纹，喉部具蓝色斑点，钟形，表面具光亮的念珠状网纹。花果期 5 ~ 10 月。

环境　海拔 1940 ~ 5000 米的沼泽化草甸、沼泽地、湿草地、河滩草地、山坡草地，山坡灌丛及高山草甸。

04

蓝玉簪龙胆
Gentiana veitchiorum

龙胆科　Gentianaceae
龙胆属　*Gentiana*

特征　多年生草本。有时具地下茎或匍匐茎。根略肉质，须状。花枝多数丛生，铺散，斜升，具乳突。莲座丛叶发达，线状披针形至椭圆形；茎生叶多对，向顶端密集。花单生枝顶，花冠上部深蓝色，下部黄绿色，具深蓝色条纹和斑点，稀淡黄色至白色，狭漏斗形或漏斗形。

习性　花果期 6 ~ 10 月。

环境　海拔 2500 ~ 4800 米的山坡草地、河滩、高山草甸、灌丛及林下。

01

七叶龙胆
Gentiana arethusae var.
delicatula

龙胆科　Gentianaceae
龙胆属　*Gentiana*

特征　多年生草本。莲座丛叶三角形，缺或极不发达；茎生叶 7 枚，稀 6 枚轮生，密集，叶片边缘平滑，中脉背面离生。花单生枝顶，无花梗；花冠淡蓝色，钟状漏斗形。

习性　花果期 8 ~ 9 月。

环境　海拔 2700 ~ 4800 米的山坡草地、高山草甸、灌丛草甸、路边及林边草地。

02

大花肋柱花
Lomatogonium
macranthum

龙胆科　Gentianaceae
肋柱花属　*Lomatogonium*

特征　一年生草本，高 7 ~ 35 厘米。茎常带紫红色，分枝少而稀疏，披针形、椭圆形或卵形椭圆形，长 7 ~ 27 厘米，宽 2 ~ 12 毫米；花 5 数，常不等大，直径一般 2 ~ 2.5 厘米；花萼裂片狭披针形至线形，花冠蓝紫色，具深色纵脉纹，花药蓝色。

习性　花果期 8 ~ 10 月。

环境　海拔 2500 ~ 4800 米的河滩草地、山坡草地、灌丛草甸、林下、高山草甸。

03

大钟花
Megacodon stylophorus

龙胆科　Gentianaceae
大钟花属　*Megacodon*

特征　多年生草本，高达 60 厘米。茎直立，粗壮，中空，不分支。叶对生，基部全生，基部的叶小，卵形，2 ~ 4 对，中部的大，卵状椭圆形；花冠漏斗状，顶端 5 深裂，裂片倒卵状长椭圆形，有网脉，雄蕊 5 枚，花药长椭圆形；花柱长，柱头 2 裂，裂片椭圆形。

习性　花期 6 ~ 7 月。生于针叶林下、林缘、灌丛。

环境　海拔 3100 ~ 3800 米的寒温性针叶林带，海拔 3800 ~ 4000 米的亚高山灌丛带。

01

02

03

01
—
独一味
Phlomoides rotata

唇形科　Lamiaceae
糙苏属　*Phlomoides*

特征　无茎多年生草本；根状茎粗厚。叶常 4 枚，辐射两两相对，贴生地面，菱状圆形或肾形，花冠筒内面中部有斜向毛环，上唇边缘无流苏状缺刻，下唇 3 圆裂，中裂片最大；花丝基部无附属器。

习性　花期 6 ～ 7 月。生于高山草甸和高山流石滩。

环境　海拔 3800 ～ 4000 米的亚高山灌丛带，海拔 4000 米以上的高山复合体带。

02
—
夏枯草
Prunella vulgaris

唇形科　Lamiaceae
夏枯草属　*Prunella*

特征　多年生草本。茎高 10 ～ 30 厘米。叶柄长 7 ～ 25 毫米，叶片卵状矩圆形或卵形；花冠紫、蓝紫或红紫色，长约 13 毫米，下唇中裂片宽大，边缘具流苏状小裂片；花丝 2 齿。小坚果矩圆状卵形。

习性　花果期 7 ～ 10 月。生于山坡、灌丛。

环境　海拔 2000 ～ 2600 米的亚热带干暖河谷，海拔 2600 ～ 2800 米的温性针阔混交林带，海拔 2800 ～ 3100 米的硬叶常绿阔叶林带（阳坡），海拔 2800 ～ 3100 米的暖性针叶林带（阴坡），海拔 3100 ～ 3800 米的寒温性针叶林带。

03
—
绵参
Eriophyton wallichii

唇形科　Lamiaceae
绵参属　*Eriophyton*

特征　多年生草本。高山风化流石滩上的矮草本植物，根肥厚，全株出土部分被有绵毛。叶菱形或圆形，叶片交互重叠，全部或部分覆盖花朵，花萼钟状；花冠淡紫至粉红色或白色。

习性　花期 7 ～ 9 月，果期 9 ～ 10 月。

环境　海拔 3000 ～ 5000 米的高山强烈风化坍积形成的乱石堆中。

04
—
两头毛
Incarvillea arguta

紫葳科　Bignoniaceae
角蒿属　*Incarvillea*

特征　多年生具茎草本，分枝，高达 1.5 米。叶互生，为一回网状复叶，不聚生于茎基部。花冠淡红色、紫红色或粉红色，钟状长漏斗形；花冠筒基部紧缩成细筒，裂片半圆形。蒴果线状圆柱形，革质。种子细小，多数，长椭圆形，两端尖，被丝状种毛。

习性　花期 3 ～ 7 月，果期 9 ～ 12 月。生于干暖河谷、山坡灌丛中。

环境　海拔 2000 ～ 2600 米的亚热带干暖河谷，海拔 2600 ～ 2800 米的温性针阔混交林带。

01
—

丁座草
Xylanche himalaica

列当科　Orobanchaceae
丁座草属　*Xylanche*

特征　寄生肉质草本。植株高 15 ~ 45 厘米，近无毛。根状茎球形或近球形，直径 2 ~ 5 厘米，常仅有 1 条直立的茎；茎不分枝，肉质。叶宽三角形、三角状卵形至卵形。花序总状，具密集的多数花；花序上部的渐变短。花萼浅杯状，花冠黄褐色或淡紫色，筒部稍膨大；果梗粗壮，自下向上渐变短。蒴果近圆球形或卵状长圆形。

习性　花期 4 ~ 6 月，果期 6 ~ 9 月。常寄生于杜鹃花属植物根上。

环境　海拔 2500 ~ 4400 米的高山林下或灌丛中。

02
—

大花小米草
Euphrasia jaeschkei

列当科　Orobanchaceae
小米草属　*Euphrasia*

特征　植株直立，高 10 ~ 20 厘米。茎不分枝或中下部（少上部）分枝，第 6 ~ 7 节开始生花，被白色柔毛。叶卵圆形，长 6 ~ 12 毫米，宽 4 ~ 10 毫米，边缘具 3 ~ 5 个锯齿，齿稍钝至急尖。苞叶较大，齿急尖至短渐尖。花萼长 7 毫米，裂片钻状三角形；花冠淡紫色或粉白色，背面长 9 ~ 11 毫米，上唇裂片翻卷部分长达 1.2 毫米，下唇显长于上唇，中裂片宽达 4 毫米。

习性　花期 6 月。

环境　海拔 3200 ~ 3400 米的高山草地。

03
—

接骨草
Sambucus javanica

五福花科　Adoxaceae
接骨木属　*Sambucus*

特征　高大草本至半灌木，高达 3 米；髓心白色。单数羽状复叶；小叶（3）5 ~ 9，无柄至具短柄，披针形；花冠辐状，裂片 5，长约 1.5 毫米，稍短于裂片；柱头 3 裂。浆果状核果近球形，直径 3 ~ 4 毫米，红色；核 2 ~ 3 颗，卵形，长 2 ~ 2.5 毫米，表面有小瘤状突起。

习性　生于林下、沟边或山坡草丛。

环境　海拔 2000 ~ 2600 米的亚热带干暖河谷，海拔 2600 ~ 2800 米的温性针阔混交林带，海拔 2800 ~ 3100 米的硬叶常绿阔叶林带（阳坡），海拔 2800 ~ 3100 米的暖性针叶林带（阴坡），海拔 3100 ~ 3800 米的寒温性针叶林带。

01

02

03

01

—

棉头蓟
Cirsium eriophoroides

菊科　Asteraceae
蓟属　*Cirsium*

特征　多年生草本，高 60 ～ 120 厘米。茎直立，粗壮，上部密被蛛丝状绵毛。茎下部和中部叶披针形或矩圆状披针形，无柄，耳状半抱茎，羽状半裂，裂片宽三角形，边缘有大小不等的齿；花冠暗紫色。瘦果矩圆形，淡褐黑色，稍光亮；冠毛羽状，污白色，顶端略粗糙。

习性　生山坡草地、灌丛中。

环境　海拔 2000 ～ 2600 米的亚热带干暖河谷，海拔 2600 ～ 2800 米的温性针阔混交林带。

02

—

钟花垂头菊
Cremanthodium campanulatum

菊科　Asteraceae
垂头菊属　*Cremanthodium*

特征　草本，高 10 ～ 25 厘米。茎紫色，上部有褐色或紫色绵毛。叶近革质，肾形，头状花序单生于茎顶端，下垂；总苞宽钟状，紫色，卵状矩圆形或矩圆形，顶端钝而流苏状，边缘有睫毛，密生深紫色长柔毛；小花筒状，紫色，短于总苞。瘦果矩圆形，冠毛白色。

习性　生高山草地、石缝或高山灌丛边。

环境　海拔 3100 ～ 3800 米的寒温性针叶林带，海拔 3800 ～ 4000 米的亚高山灌丛带。

03

—

菜木香
Dolomiaea edulis

菊科　Asteraceae
川木香属　*Dolomiaea*

特征　多年生莲座状草本。根粗壮。茎极短。叶莲座状展开，厚革质，倒卵形或倒卵状矩圆形，头状花序单生于茎顶；总苞片 4 ～ 5 层，革质，先端圆钝或尖，边缘紫色，膜质；花冠紫红色。

习性　花果期 6 ～ 10 月。生于山坡草甸、灌丛和林下。

环境　海拔 2600 ～ 2800 米的温性针阔混交林带，海拔 2800 ～ 3100 米的硬叶常绿阔叶林带（阳坡），海拔 2800 ～ 3100 米的暖性针叶林带（阴坡），海拔 3100 ～ 3800 米的寒温性针叶林带，海拔 3800 ～ 4000 米的亚高山灌丛带。

01
——

毛香火绒草
Leontopodium stracheyi

菊科　Asteraceae
火绒草属　*Leontopodium*

特征　多年生草本。根状茎横走，有多数簇生的花茎和不育茎。茎高 12 ～ 60 厘米，下部或中部有时有花后发育的腋芽和细枝，被浅黄褐色短腺毛。叶卵状披针形或卵状条形。头状花序直径 4 ～ 5 毫米；总苞被长柔毛；冠毛基部褐色。瘦果有乳突或短粗毛。

习性　生于高山或亚高山山谷溪岸或干燥草地。

环境　海拔 2000 ～ 2600 米的亚热带干暖河谷，海拔 2600 ～ 2800 米海拔温性针阔混交林带。

02
——

水母雪兔子
Saussurea medusa

菊科　Asteraceae
风毛菊属　*Saussurea*

特征　多年生草本，高 8 ～ 15 厘米。根状茎细长，有褐色残叶柄，自颈部发出莲座状叶丛。茎直立，被蛛丝状绵毛。头状花序多数，在茎顶密集成球状，无梗；总苞狭筒形，总苞外层条状矩圆形，紫色，有白色或褐色绵毛，内层倒披针形；花冠紫色。

习性　花果期 7 ～ 9 月。生于高山流石滩、砾石坡。

环境　海拔 4000 米以上的高山复合体带。

03
——

苞叶雪莲
Saussurea obvallata

菊科　Asteraceae
风毛菊属　*Saussurea*

特征　多年生草本，高 16 ～ 60 厘米。根状茎粗，颈部被稠密的褐色纤维状撕裂的叶柄残迹。茎直立，有短柔毛或无毛。基生叶有长柄，柄长达 8 厘米；叶片长椭圆形或长圆形、卵形，头状花序 6 ～ 15 个，在茎端密集成球形的总花序，无小花梗或有短的小花梗。

习性　花果期 7 ～ 9 月。生于高山草地、山坡多石处、溪边石隙处、流石滩。

环境　海拔 3100 ～ 3800 米的寒温性针叶林带，海拔 3800 ～ 4000 米的亚高山灌丛带，海拔 4000 米以上的高山复合体带。

04
——

槲叶雪兔子
Saussurea quercifolia

菊科　Asteraceae
风毛菊属　*Saussurea*

特征　多年生多次结实簇生草本。高 4 ～ 15（22）厘米，被白色绒毛。基生叶椭圆形或长椭圆形，基部楔形渐狭成柄或扁柄，边缘有粗齿，下面被稠密的白色绒毛；上部叶反折，下面灰白色，被密厚棉毛。头状花序 10 ～ 20 个，在茎端集成径 2.5 ～ 5 厘米的半球形总花序。

习性　花果期 7 ～ 10 月。

环境　海拔 3300 ～ 4800 米的高山灌丛草地、流石滩、岩坡。

01

02a

02b

03

04

01
—

绵头雪兔子
Saussurea laniceps

菊科　Compositae
风毛菊属　*Saussurea*

特征　多年生一次结实有茎草本。高 14 ～ 45 厘米，上部被白色或淡褐色的稠密棉毛，基部有褐色残存的叶柄。叶极密集，倒披针形、狭匙形或长椭圆形，头状花序多数，在茎端密集成圆锥状穗状花序，具短梗。
习性　花果期 8 ～ 10 月。
环境　海拔 3200 ～ 5300 米的高山流石滩。

02
—

羽裂雪兔子
Saussurea leucoma

菊科　Compositae
风毛菊属　*Saussurea*

特征　多年生多次结实草本。高 10 ～ 18 厘米，叶片长椭圆形，羽状半裂或深裂，侧裂片 5 ～ 10 对；正面浅灰白色，被蛛丝状棉毛，背面绿色，被蛛丝状毛或无毛。头状花序多数，排列成半球形，为白色或淡褐色的长棉毛所覆盖。
习性　花果期 8 ～ 10 月。
环境　海拔 3200 ～ 4700 米的高山草坡、高山多石地及高山流石滩。

03
—

横断山雪莲
Saussurea hengduanshanensis

菊科　Asteraceae
风毛菊属　*Saussurea*

特征　多年生草本植物，高可达 50 厘米。根状茎粗，颈部被稠密的褐色纤维状撕裂的叶柄残迹。茎直立，有短柔毛或无毛。基生叶有长柄，叶片长椭圆形或长圆形、卵形，两面有腺毛；茎生叶与基生叶同形并等大，无柄；最上部茎叶苞片状，膜质，黄色，长椭圆形或卵状长圆形，包围总花序。在茎端密集成球形的总花序，无小花梗或有短的小花梗。总苞半球形，总苞外层卵形，中层椭圆形，内层线形。全部苞片顶端急尖，小花蓝紫色，瘦果长圆形，淡褐色，外层短；糙毛状。
习性　花果期 7 ～ 9 月。
环境　海拔 3200 ～ 4700 米的高山灌丛草地、流石滩、岩坡。

04
—

绢毛苣
Soroseris glomerata

菊科　Compositae
绢毛苣属　*Soroseris*

特征　多年生草本，地下根状茎被退化的鳞片状叶，地上茎极短，被稠密的莲座状叶，莲座状叶匙形、宽椭圆形或倒卵形，顶端圆形，基部楔形渐狭成长或短的翼柄或柄，包括叶柄边缘全缘或有极稀疏的微尖齿或微钝齿。头状花序多数，在莲座状叶丛中集成团伞花序，舌状小花 4 ～ 6 枚，黄色，极少白色或粉红色。
习性　花果期 5 ～ 9 月。
环境　海拔 3200 ～ 5600 米的高山流石滩及高山草甸。

01

—

皱叶绢毛苣
Soroseris hookeriana

菊科　Asteraceae
绢毛苣属　*Soroseris*

特征　多年生草本。茎直立而短，高达 15 厘米。叶披针形。头状花序多数，密集于茎端成宽圆球状；黄绿色至暗绿色；外层总苞片 2 枚，条形；花全部舌状，黄色，舌片基部和筒部顶端稍黑色。顶端 5 齿裂；花药和花柱紫黑色。瘦果干时带黑色；冠毛浅棕色或灰白色。

习性　生于高山草地、灌丛边及砂砾地段。

环境　海拔 3800 ~ 4000 米的亚高山灌丛带，海拔 4000 米以上的高山复合体带。

02

—

假合头菊
Melanoseris souliei

菊科　Asteraceae
毛鳞菊属　*Melanoseris*

特征　多年生莲座状草本，高 2 ~ 11 厘米。根垂直，圆柱状，长达 13 厘米。茎单生，不分枝先端密生莲座状叶。叶多数，叶片大头羽状全裂或兼有不分裂叶。头状花序多数或少数，于茎顶密集成径 1.5 ~ 5 厘米的团伞花序；总苞片 1 层，椭圆状条形；小花 4 ~ 6 朵，全部为两性，舌状，花冠紫红色、蓝紫色或蓝色。

习性　花果期 7 ~ 9 月。生于高山草甸、山坡和砾石地。

环境　海拔 3800 ~ 4000 米的亚高山灌丛带，海拔 4000 米以上的高山复合体带。

03

—

华蒲公英
Taraxacum sinicum

菊科　Asteraceae
蒲公英属　*Taraxacum*

特征　多年生草本，根颈部有褐色残存叶。叶倒卵状披针形或狭披针形；头状花序直径 2 ~ 3 厘米；总苞片 3 层，先端淡紫色；外层总苞片卵状披针形，内层总苞片披针形，长为外层总苞片的 2 倍。舌状花黄色，边缘花舌片背面有紫色条纹。瘦果倒卵状披针形，淡褐色。

习性　花果期 5 ~ 6 月。生于山坡、草甸、河边。

环境　海拔 2600 ~ 2800 米的温性针阔混交林带，海拔 2800 ~ 3100 米的硬叶常绿阔叶林带（阳坡），海拔 2800 ~ 3100 米的暖性针叶林带（阴坡），海拔 3100 ~ 3800 米的寒温性针叶林带。

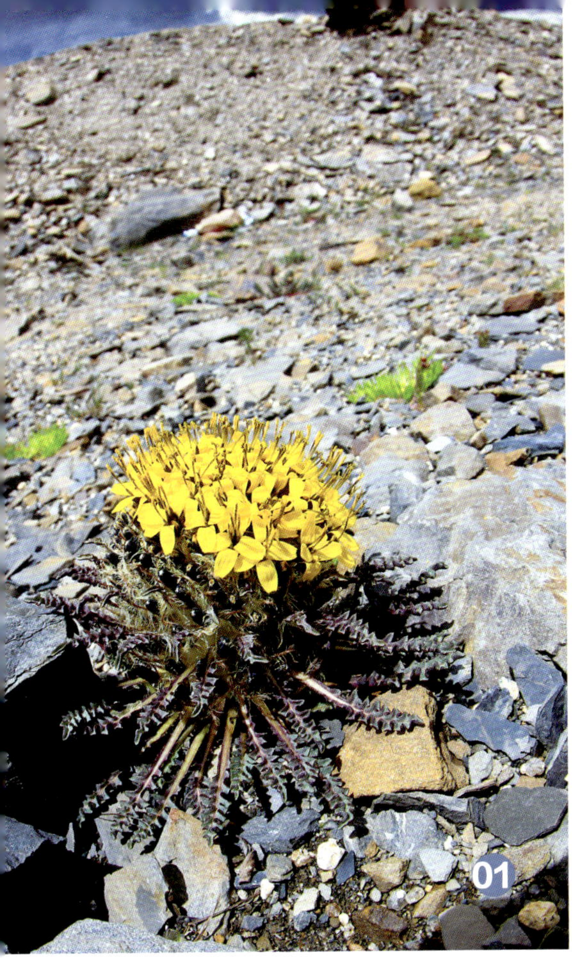
01

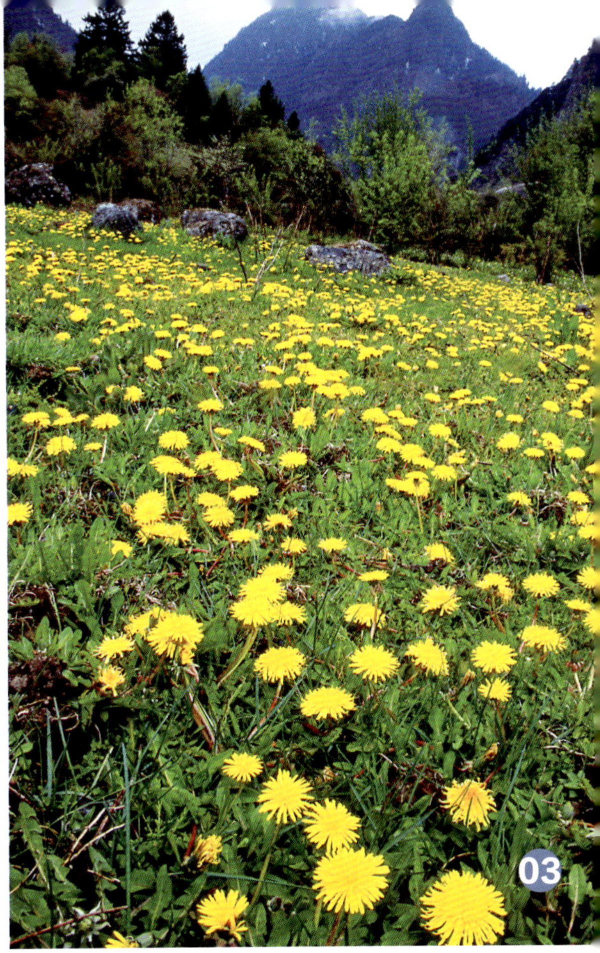
03

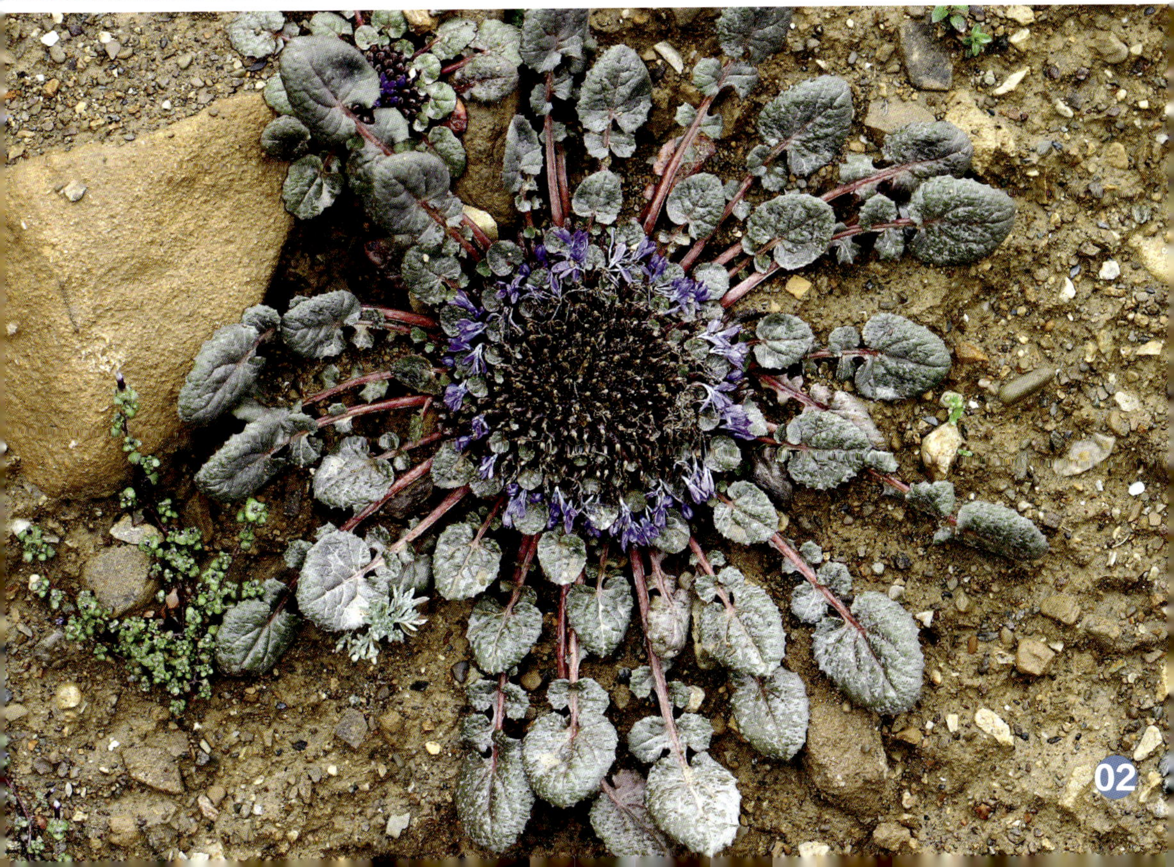
02

01

—

黑穗箭竹
Fargesia melanostachys

禾本科　Gramineae
箭竹属　*Fargesia*

特征　高 4 ~ 6 米，粗 1 ~ 3 厘米，梢端直立；节间一般长 26 ~ 28 厘米，基部节间长 5 ~ 10 厘米，圆筒形或有时在分枝节间的基部微扁平，并有纵脊，幼时密被白色粉，无毛，平滑。花序总状或为简单的圆锥状，具 2 ~ 8 枚小穗，排列疏松，长 3 ~ 12 厘米，无毛。果实未见。

习性　笋期 7 ~ 8 月，花期 10 月。生于云杉、冷杉林下。

环境　海拔 3100 ~ 3800 米的寒温性针叶林带。

02

—

一把伞南星
Arisaema consanguineum

天南星科　Araceae
天南星属　*Arisaema*

特征　多年生草本，假茎高 20 ~ 40 厘米；块茎略扁球形。叶 1 枚，小叶 7 ~ 23 片，辐射状排列，条形或披针形。雌雄异株；总花梗短于叶柄，佛焰苞绿色至深紫色，背面有清晰的白色条纹；肉穗花序单性；附属器棒状。浆果鲜红色。

习性　花期 4 ~ 6 月，果期 8 ~ 9 月。生于灌丛、草坡。

环境　海拔 2000 ~ 2600 米的亚热带干暖河谷，海拔 2600 ~ 2800 米的温性针阔混交林带，海拔 2800 ~ 3100 米的硬叶常绿阔叶林带（阳坡），海拔 2800 ~ 3100 米的暖性针叶林带（阴坡）。

03

—

象南星
Arisaema elephas

天南星科　Araceae
天南星属　*Arisaema*

特征　多年生草本，假茎短；块茎扁球形，直径可达 5 厘米。叶 1 枚，小叶 3 片，近无小叶柄，边缘波状，具紫色，中间 1 片倒宽卵形，顶端略平而具短尾尖，或椭圆状菱形而顶端渐尖。雌雄异株；总花梗短于叶柄，佛焰苞红紫色。

习性　花期 5 ~ 6 月。生于山坡、草地和河岸。

环境　海拔 2000 ~ 2600 米的亚热带干暖河谷，海拔 2600 ~ 2800 米的温性针阔混交林带，海拔 2800 ~ 3100 米的硬叶常绿阔叶林带（阳坡），海拔 2800 ~ 3100 米的暖性针叶林带（阴坡），海拔 3100 ~ 3800 米的寒温性针叶林带。

01
——

云南大百合
Cardiocrinum giganteum var. yunnanense

百合科　Liliaceae
大百合属　*Cardiocrinum*

特征　多年生草本，高 1 ~ 2 米；地下部基生叶的叶柄膨大成鳞茎，开花后凋萎；小鳞茎数个，卵形，有鳞茎皮，无鳞片。茎高大，中空，无毛。基生和茎生叶，卵状心形。总状花序顶生，有 10 ~ 20 花，花狭喇叭形，白色，花被片 6 枚，条状披针形；蒴果近球形。

习性　花期 6 ~ 7 月，果期 9 ~ 10 月。生于沟谷、针阔叶混交林下。

环境　海拔 2600 ~ 2800 米的温性针阔混交林带，海拔 2800 ~ 3100 米的硬叶常绿阔叶林带（阳坡），海拔 2800 ~ 3100 米的暖性针叶林带（阴坡），海拔 3100 ~ 3800 米的寒温性针叶林带。

02
——

大百合
Cardiocrinum giganteum

百合科 Liliaceae
大百合属　*Cardiocrinum*

特征　多年生草本。茎直立，中空。叶纸质，网状脉；叶卵状心形。总状花序，花白色至浅绿色，里面具淡紫红色条纹，花被片条状倒披针形。蒴果近球形，顶端有 1 小尖突。种子呈扁钝三角形。

习性　花期 6 ~ 7 月，果期 9 ~ 10 月。

环境　海拔 2300 ~ 3700 米的林下草丛中。

03
——

美丽豹子花
Lilium basilissum

百合科　Liliaceae
百合属　*Lilium*

特征　多年生草本，下部叶散生，上部叶轮生，线形至披针形。花 1 ~ 5 朵，排列成疏松的总状花序，下垂，花红色或基部带紫黑色；外轮花被片椭圆状披针形或卵状披针形，内轮花被片较外轮花被片宽，基部具 2 个深紫色的蜜腺垫状隆起，隆起部分组织边缘呈扇形排列。

习性　花果期 7 ~ 9 月。

环境　海拔 3928 ~ 4255 米的高山矮竹林下或高山草地上。

04
——

云南豹子花
Lilium saluenense

百合科　Liliaceae
百合属　*Lilium*

特征　鳞茎卵形，高 2 ~ 4 厘米，直径 2 ~ 2.5 厘米，白色。茎高 30 ~ 90 厘米，无毛。叶散生，披针形，长 3.5 ~ 7 厘米，宽 0.8 ~ 1.5 厘米。花 1 至 7 朵，张开，似碟形，粉红色，里面基部具紫色的细点；外轮花被片椭圆形至窄椭圆形，长 3.5 ~ 5.2 厘米，宽 1.6 ~ 2 厘米，先端急尖，全缘；内轮花被片与外轮的相似，长 3 ~ 4.5 厘米，宽 1.7 ~ 2 厘米，先端急尖，基部具明显的细点，全缘；花丝钻形，长约 1 厘米，花药长 3 ~ 4 毫米；子房长 6 ~ 7 毫米，径 2.5 ~ 3 毫米；花柱短于子房，长 2.5 ~ 4 毫米，向上渐膨大，柱头头状，3 浅裂。蒴果矩圆形，长 1.7 ~ 1.8 厘米，宽约 1.8 厘米，紫绿色至褐色。

习性　花期 6 ~ 8 月，果期 8 ~ 9 月。

环境　海拔 2800 ~ 4500 米的山坡丛林、林缘或草坡上。

01

—

多斑豹子花
Lilium meleagrinum

百合科　Liliaceae
百合属　*Lilium*

特征　鳞茎卵形，白色，高约 2.5 厘米，直径 2 ~ 2.8 厘米。茎高 35 ~ 100 厘米，有乳头状突起，少有光滑。叶轮生，每轮 5 ~ 8 枚，窄披针形至椭圆状披针形；花 2 ~ 4 朵排列成总状花序，白色或粉红色，下垂；外轮花被片椭圆形至卵状椭圆形，先端急尖，具紫红色斑块，全缘；内轮花被片卵形至宽椭圆形，基部均匀地布满紫红色斑点，向上斑点逐渐扩大成斑块，边缘有不整齐的锯齿，先端急尖，基部具深红褐色的肉质的鸡冠状的垫状隆起。

习性　花期 6 ~ 7 月，果期 8 ~ 9 月。

环境　海拔 2800 ~ 4000 米的山坡杂木林下或林缘。

02

—

川百合
Lilium davidii

百合科　Liliaceae
百合属　*Lilium*

特征　茎有的带紫色，密被小乳头状突起。叶多数，散生但在茎中部相对密集，线形，有明显的小乳头状突起。花橙黄色，向基部约 2/3 有紫黑色斑点；蜜腺两边有乳头状突起。

习性　花期 7 ~ 8 月。

环境　海拔 850 ~ 3200 米的山坡草地、林下潮湿处或林缘。

03

—

匐茎百合
Lilium lankongense

百合科　Liliaceae
百合属　*Lilium*

特征　多年生草本。鳞茎卵形或球形，直径 2.5 ~ 4 厘米。茎高 40 ~ 150 厘米。叶散生。花单生或数朵生于总状花序，花下垂，粉红色，有暗红色斑点，芳香，花被片反卷，长 5 ~ 5.5 厘米。

习性　花期 6 ~ 7 月。

环境　海拔 1800 ~ 3500 米的高山草地。

01
——
小百合
Lilium nanum

百合科　Liliaceae
百合属　*Lilium*

特征　多年生草本，茎高 10 ~ 30 厘米，无毛，叶散生。花单生，钟形，下垂；花被片淡紫色或紫红色，内有深紫色斑点。

习性　花期 6 月，果期 9 月。

环境　生于山坡草地、灌木林下或林缘，海拔 3500 ~ 4500 米。

02
——
宝兴百合
Lilium duchartrei

百合科　Liliaceae
百合属　*Lilium*

特征　多年生直立草本，高 40 ~ 90 厘米；鳞茎卵球形，黄白色。叶散生，披针形至线状披针形；花单生或 2 ~ 12 朵排成总状花序，下垂；花被片 6 枚，多为粉红色，披针形，反卷，具紫色斑点。

习性　花期 6 ~ 8 月。生于山坡灌丛和松林下。

环境　海拔 2800 ~ 3100 米的硬叶常绿阔叶林带（阳坡），海拔 2800 ~ 3100 米的暖性针叶林带（阴坡），海拔 3100 ~ 3800 米的寒温性针叶林带。

03
——
尖被百合
Lilium lophophorum

百合科　Liliaceae
百合属　*Lilium*

特征　多年生草本，高 8 ~ 45 厘米，无毛；鳞茎长圆球形，白色。叶丛生至散生，椭圆状长圆形至条形；花单生，黄色，花被片 6 枚，披针形，先端长渐尖，常向中心锯合而不展开。

习性　花期 6 ~ 7 月。生于高山草甸、流石滩及灌丛。

环境　海拔 3800 ~ 4000 米的亚高山灌丛带，海拔 4000 米以上的高山复合体带。

01

03

02

01
——

紫花百合
Lilium souliei

百合科　Liliaceae
百合属　*Lilium*

特征　多年生直立草本，高 10 ～ 30 厘米；鳞茎狭卵形，白色。叶散生，5 ～ 10 枚，披针形或长椭圆形；花单生，下垂，钟形，紫红色至紫黑色，无斑点，花被片 6 枚，椭圆形。

习性　花期 6 ～ 7 月。生于高山杜鹃灌丛和草坡。

环境　海拔 3100 ～ 3800 米的寒温性针叶林带，海拔 3800 ～ 4000 米的ç亚高山灌丛带。

02
——

大理百合
Lilium taliense

百合科　Liliaceae
百合属　*Lilium*

特征　多年生草本，高 1 ～ 2 米；鳞茎球形，黄白色。叶散生，条形至条状披针形，先端长渐尖，无毛，无叶柄；总状花序有 3 ～ 20 花，白色，下垂，花被片 6 枚，长圆状披针形，反卷，被紫色斑点。

习性　花期 6 ～ 7 月。生于阳坡、沟谷灌丛或疏林下。

环境　海拔 2600 ～ 2800 米的温性针阔混交林带，海拔 2800 ～ 3100 米的硬叶常绿阔叶林带（阳坡），海拔 2800 ～ 3100 米的暖性针叶林带（阴坡）。

03
——

梭砂贝母
Fritillaria delavayi

百合科　Liliaceae
贝母属　*Fritillaria*

特征　多年生草木。叶 3 ～ 5 枚（包括叶状苞片），花单朵，浅黄色，具红褐色斑点或小方格；花被片长 3.2 ～ 4.5 厘米。

习性　花期 6 ～ 7 月，果期 8 ～ 9 月。

环境　海拔 3800 ～ 4700 米的沙石地或流沙岩石的缝隙中。

01

03

02a

02b

02c

01

—

川贝母
Fritillaria cirrhosa

百合科　Liliaceae
贝母属　*Fritillaria*

特征　多年生草本，高 20 ～ 45 厘米；鳞茎由 3 ～ 4 枚肥厚的鳞瓣组成。叶常生于茎的中部以上，最下部 2 叶对生，其余的 3 ～ 5 枚轮生，狭披针状条形，渐尖，顶端多少卷曲。单花顶生，钟形，绿黄色至紫褐色。

习性　花期 6 ～ 7 月。生于高山灌丛草甸和林缘。

环境　海拔 3100 ～ 3800 米的寒温性针叶林带，海拔 3800 ～ 4000 米的亚高山灌丛带。

02

—

云南丫蕊花
Ypsilandra yunnanensis

藜芦科　Melanthiaceae
丫蕊花属　*Ypsilandra*

特征　多年生草本；植株大小变化较大。叶连柄长，花葶通常长于叶，总状花序较狭；花梗较短，花被片近匙形或倒披针形，长 4 ～ 5 毫米；雄蕊短于花被片，在果期可稍露出花被外；子房上部 3 浅裂，花柱短，柱头 3 裂，裂片外弯。蒴果三棱状倒卵形，成熟时比花被片稍长。种子长约 5 毫米。

习性　花期 6 ～ 7 月，果期 8 ～ 10 月。

环境　海拔 3300 ～ 4000 米的草坡、杜鹃林下或灌丛边缘。

03

—

腋花扭柄花
Streptopus simplex

百合科　Liliaceae
扭柄花属　*Streptopus*

特征　多年生草本，根状茎横走，茎单生或中部以上分枝，光滑。叶互生，7 ～ 9 枚，披针形或卵状披针形。花大，单生于叶腋，不具膝状关节；花被片 6 枚，离生，卵状矩圆形，粉红色或白色带紫色斑点。

习性　生于竹丛中或灌丛边，高山草地也有。

环境　海拔 2800 ～ 3100 米的硬叶常绿阔叶林带（阳坡），海拔 2800 ～ 3100 米的暖性针叶林带（阴坡），海拔 3100 ～ 3800 米的寒温性针叶林带。

01

02

03

01

假百合
Notholirion bulbuliferum

百合科　Liliaceae
假百合属　*Notholirion*

特征　多年生直立草本，高 60 ~ 150 厘米；鳞茎卵球形，黄白色。基生叶 5 ~ 10 枚，长条形；茎生叶散生，条状披针形，苞茎；总状花序具花 10 ~ 20 朵；花钟状，青紫色或绿白色带青紫色。

习性　花期 7 ~ 8 月。生于高山灌丛草甸和林下。

环境　海拔 3100 ~ 3800 米的寒温性针叶林带。

02

西南鸢尾
Iris bulleyana

鸢尾科　Iridaceae
鸢尾属　*Iris*

特征　多年生草本。根状茎粗壮。叶基生，条形。花茎中空，生有 2 ~ 3 片茎生叶，基部围有红紫色鞘状叶；花天蓝色。蒴果三棱状柱形，6 条肋明显，常有残存花被。

习性　花期 6 ~ 7 月。生于高山草甸和林下。

环境　海拔 2000 ~ 2600 米的亚热带干暖河谷，海拔 2600 ~ 2800 米的温性针阔混交林带，海拔 2800 ~ 3100 米的硬叶常绿阔叶林带（阳坡）。

03

鸢尾
Iris tectorum

鸢尾科　Iridaceae
鸢尾属　*Iris*

特征　多年生草本。根状茎短而粗壮，坚硬，浅黄色。叶剑形，薄纸质，淡绿色。花蓝紫色。蒴果狭矩圆形，具 6 棱，外皮坚韧，有网纹；种子多数，球形或圆锥状，深棕褐色，具假种皮。

习性　生于灌木林缘。

环境　海拔 2000 ~ 2600 米的亚热带干暖河谷。

04

沿阶草
Ophiopogon bodinieri

百合科　Liliaceae
沿阶草属　*Ophiopogon*

特征　多年生草本，根细，近末端常膨大成纺缍形的小块。叶基生成丛，禾叶状，具 3 ~ 5 脉。花葶较叶短，总状花序轴长 1 ~ 7 厘米，具几朵至十几朵花花；花被片 6 枚，卵状披针形或近矩圆形，白色或稍带紫色。

习性　花期 6 ~ 7 月。生于山坡、沟谷、灌木林下。

环境　海拔 2600 ~ 2800 米的温性针阔混交林带，海拔 2800 ~ 3100 米的硬叶常绿阔叶林带（阳坡），海拔 2800 ~ 3100 米的暖性针叶林带（阴坡）。

01

02

03

04

01

茄参
Mandragora caulescens

茄科　Solanaceae
茄参属　*Mandragora*

特征　多年生草本，高 20 ～ 60 厘米，全体生短柔毛。根粗壮，肉质。茎长 10 ～ 17 厘米，上部常分枝，分枝有时较细长。花单独腋生，通常多花同叶集生于茎端似簇生；花冠辐状钟形，暗紫色。

习性　花果期 5 ～ 8 月。

环境　常生于海拔 2200 ～ 4200 米的山坡草地。

02

山莨菪
Anisodus tanguticus

茄科　Solanaceae
山莨菪属　*Anisodus*

特征　多年生宿根草本，茎无毛或被微柔毛；根粗大，近肉质。叶全缘或具 1 ～ 3 对粗齿。花俯垂或有时直立；花萼钟状或漏斗状钟形，几无毛，有 1 ～ 2 枚裂片较长、大；花冠钟状或漏斗状钟形，紫色或暗紫色，果实球状或近卵状，果萼长约 6 厘米，肋和网脉明显隆起。

习性　花期 5 ～ 6 月，果期 7 ～ 8 月。

环境　海拔 2800 ～ 4200 米的山坡、草坡阳处。

03

玉龙蕨
Polystichum glaciale

鳞毛蕨科　Dryopteridaceae
耳蕨属　*Polystichum*

特征　小型草本。全体密被鳞片或长柔毛，鳞片初为红棕色，老时变为苍白色，卵状或阔披针形，先端纤维状，边缘有睫毛；叶簇生；柄长 4 ～ 8 厘米，基部直径约 2 毫米，褐棕色，向上禾秆色，上面有 2 条纵走沟槽，直通叶轴；叶片线形，一回羽状，羽片约 28 对，互生，基部对称。叶脉分离，羽状，小脉单一，伸达叶边，通常被鳞毛覆盖，不见。叶厚革质，干后黑褐色，两面密被灰白色的长柔毛，羽轴及主脉下面密被淡棕色，阔披针形，先端纤维状鳞片。孢子囊群圆形，生于小脉顶端，位主脉与叶边之间，每羽片 3 ～ 4 对，无囊群盖，通常被鳞片所覆盖。

习性　生于岩石缝中。

环境　海拔 3200 ～ 4700 米的高山冰川穴洞、岩缝。

01
02 
03

01

光叶珙桐
Davidia involucrata var. vilmoriniana

蓝果树科　Nyssaceae
珙桐属　*Davidia Baill*

特征　落叶乔木。叶互生，有叶柄，卵形，边缘锯齿。花序头状，被白色大型苞片，下垂。核果中果皮肉质，内果皮骨质，具沟槽。本属仅有一种，中国西南部特产。

习性　花期 4 ~ 6 月，果期 10 月。

环境　海拔 1500 ~ 2200 米的润湿的常绿阔叶、落叶阔叶混交林中。

02

垫紫草
Chionocharis hookeri

紫草科　Boraginaceae
垫紫草属　*Chionocharis*

特征　多年生垫状草本。叶互生，叶扇状楔形覆瓦状排列，密集。花单朵顶生；花萼长约 4.5 毫米，5 裂至基部，裂片线状匙形，边缘和里面有长柔毛，外面无毛；花冠淡蓝色，长约 7.5 毫米，无毛，筒部与萼近等长，檐部直径 7 ~ 8 毫米，裂片近圆形，有细脉，喉部附属物横的皱褶状或半月形，花冠喉部具 5 枚附属物；雄蕊内藏。小坚果卵形，背面鼓，着生面居腹面基部。单种属。

习性　花果期 8 ~ 9 月。

环境　海拔 3200 ~ 3700 米的石质山坡或陡峻的石崖上。

03

德钦齿缘草
Eritrichium deqinense

紫草科　Boraginaceae
齿缘草属　*Eritrichium*

特征　垫状草本。根状茎多分枝。中脉在叶背面突出，侧脉不明显。聚伞花序长约 1 厘米，通常具 3 朵花；苞片倒披针形到线形；花冠白色，檐部直径 5 毫米，无毛；雌蕊托扁平。小坚果 4 枚，具白色短柔毛，棱缘具 6 ~ 7 枚锚状刺，基部分离，着生面位于腹面中部以上。

习性　花期 6 ~ 7 月。

环境　海拔 4000 米以上的岩石山坡。

04

糙叶秋海棠
Begonia asperifolia

秋海棠科　Begoniaceae
秋海棠属　*Begonia*

特征　多年生草本植物，根状茎近球形，基生叶通常自球形根状茎生出，偶有极短之茎，叶片两侧略不相等，轮廓宽卵形，上面深绿色，下面淡绿色，花葶近无毛；花粉红色，数朵，大型二歧聚伞花序，小苞片膜质，长卵形至卵形，花被片近圆形，花药长圆形，子房椭圆形，蒴果下垂，种子小极多数，淡褐色长圆形。

习性　花期 8 月，果期 9 月。

环境　海拔 2400 ~ 3400 米的阔叶林、针阔混交林的溪流，以及石坡、石崖下阴湿地等地方。

01

02a

02b

03

04

  昆虫属于节肢动物门昆虫纲，其主要特征可以归纳为以下几点：身体分为头、胸、腹三个部分；头部为昆虫的感觉和取食中心，具有口器和一对触角，通常还有复眼和单眼；胸部是运动中心，具有三对足，通常还有两对翅；腹部是生殖中心，包含生殖系统和大部分内脏。说得简单一点就是：昆虫的身体分为头胸腹三部分，并长有六足四翼。

  昆虫的生长要经过一系列的变化过程，人们常说的"金蝉脱壳""蝶变"实际上就说明了这一变化。昆虫的变态大致可以分为两大类型，即不完全变态和完全变态。不完全变态分为卵、若虫、成虫三个时期，代表昆虫有蜻蜓和蝗虫等。完全变态分为卵、幼虫、蛹、成虫四个时期，代表昆虫有甲虫和蝴蝶等。

  昆虫纲分为十几个目，在梅里雪山国家公园，我们比较容易观察到的有：蜚蠊目（蟑螂）、直翅目（蝗虫、螽斯、蝼蛄、蟋蟀）、革翅目（蠼螋）、缨翅目（蓟马）、半翅目（椿象、蝉、介壳虫）、脉翅目（草蛉、蚁蛉）、鞘翅目（甲虫）、双翅目（蚊、蝇、虻）、鳞翅目（蛾子、蝴蝶）、膜翅目（蜂）等。

01
—

金牛弧角蝉
Leptocentrus taurus

半翅目　Hemiptera
角蝉科　Membracidae

特征　体黑色，前胸斜面、头顶部全为黑色，均密被浅黄色毛；小盾片基部和胸部两侧密被白色絮状物。上肩角粗壮，向后弯曲；后突基部远离小盾片，向下缓缓弯曲。

习性　成虫和幼虫均会与蚂蚁共生，角蝉身上分泌蜜露，以换取蚂蚁的保护。

环境　常可在黄槿的嫩枝上找到。

02
—

中华星步甲
Calosoma chinense

鞘翅目　Coleoptera
步甲科　Calosoma

特征　成虫体长 25 ~ 33 毫米，宽 9 ~ 12.5 毫米。体黑色，背面色暗，有铜色光泽，鞘翅上的凹刻星点闪金光或金铜光泽。头和前胸背板密被细刻点。触角长度几乎达体长之半。前胸背板侧缘在基部明显上翘，基凹较长，后角端部叶状，向后稍突出。鞘翅于肩后稍宽，最宽处在翅后端 1/3 处；凹刻星点 3 行，行间为分散的微小粒突。中、后足股节弯曲，雄虫更显，雄虫前足附节基部 3 节膨大。

习性　成虫白天多栖息在隐蔽处，夜间活动捕食。

环境　国内广泛分布。

03
—

黄角尸葬甲
Necrodes littoralis

鞘翅目　Coleoptera
葬甲科　Silphidae

特征　体长 15 ~ 23 毫米。体色黑色，有光泽。头部三角形，黑亮，密布小刻点，触角末端 3 节橙黄色。前胸背板近圆形，盘区具小刻点。小盾片密布刻点和细毛。鞘翅具 3 条较深的纵沟。中、后足胫节弯曲。腹部 5 节，一般外露 2 ~ 3 节。

习性　幼虫以动物尸体为食。

环境　以中国四川为起源和分布中心。

04
—

蓝斑星天牛
Anoplophora davidis

鞘翅目　Coleoptera
天牛科　Cerambycidae

特征　长 18.0 ~ 36.5 毫米。和华星天牛相似，但绒毛斑点呈淡蓝色或淡绿色。触角自第 3 ~ 11 节每节基部都有淡蓝色毛环，长短不一。前胸背板具 2 个蓝色毛斑，鞘翅斑点较大而整齐。鞘翅第二行中斑常常连接或合并，第三、四行斑点一部分接合呈弯状，端斑很大。触角长于体，前胸侧刺突粗壮。鞘翅基部颗粒较稀，表面竖毛较长而密，极显著。

环境　海拔 2600 ~ 2800 米的温性针阔混交林带，海拔 2800 ~ 3100 米的硬叶常绿阔叶林带。

01

小黄粪蝇
Scathophaga stercoraria

双翅目　Diptera
粪蝇科　Scathophagidae

特征　外长 5 ~ 11 毫米。雄蝇呈鲜艳的金黄色，前脚上有橙黄色的毛。雌蝇颜色较暗，呈绿褐色，前脚上没有鲜艳颜色的毛。

习性　成虫主要吃细小的昆虫，如其他苍蝇，也会吃花粉，但停留在花朵上的黄粪蝇多数时候都是在掠食其他昆虫。雄蝇和雌蝇都会在粪便上出没，雄蝇在粪便上出现只是在掠食丽蝇等昆虫，而雌蝇除了觅食外，也会在粪便上产卵。

环境　适应性很高的物种，广泛分布。

02

洁白雪灯蛾
Chionarctia pura

鳞翅目　Lepidoptera
灯蛾科　Arctiidae

特征　翅展 50 ~ 60 毫米。白色；下唇须两边黑色，触角分支下方1黑色，胸足具黑带，前足基节边缘红色，腿节上方橙色，腹部亚背面具橙红色斑，背面具有一列黑色小圆点、或三角形点或短带，侧面和亚侧面具有黑点列；后翅横脉纹黑色；前、后翅反面翅脉黑色，横脉纹黑色。

习性　成虫可见于灯下。

环境　分布于陕西、四川、贵州、云南等地。

03

小檗绢粉蝶
Aporia hippia

鳞翅目　Lepidoptera
粉蝶科　Pieridae

特征　中型粉蝶。雄蝶赤色发黄，翅脉黑色。前翅背面外缘末端黑色三角形斑纹较宽大明显，中室端显黑纹。后翅背面翅脉较淡黑褐色，中室较长较窄。雌蝶翅色偏淡黄色，中室及后缘鳞片呈较弱半透明状。腹面斑纹与背面相似，但前翅顶角和后翅黄色，翅脉两侧的黑边更明显，基部有橘黄色斑。

习性　1 年 1 代。成虫常见于 6 ~ 7 月。幼虫以小檗科植物为食。

环境　山地林地为阳坡半阳坡的小檗和刺玫混交灌木林。

04

菜粉蝶
Pieris rapae

鳞翅目　Lepidoptera
粉蝶科　Pieridae

特征　体长 12 ~ 20 毫米，翅展 45 ~ 55 毫米。雄虫体乳白色，雌虫略深，淡黄白色。雌虫前翅前缘和基部大部分为黑色，顶角有 1 个大三角形黑斑，中室外侧有 2 个黑色圆斑，前后并列。后翅基部灰黑色，前缘有 1 个黑斑，翅展开时与前翅后方的黑斑相连接。

习性　成虫白天活动，尤以晴天中午更活跃。羽化的成虫取食花蜜，交配产卵，每次只产 1 粒，卵散产在叶片的正面或背面，但以叶背面为多。

环境　广泛分布。

01

—

东方菜粉蝶
Pieris canidia

鳞翅目　Lepidoptera
粉蝶科　Pieris rapae

特征　翅展 45 ~ 60 毫米。体躯细长，背面黑色，头部和胸部被白色绒毛；腹面白色。触角端部匙形。翅正面白色；前翅的前缘脉黑色，顶角有三角形黑斑，并与外缘的黑斑相连而延伸到 Cu2 脉以下，黑斑的内缘呈锯齿状；亚端在 M3 室及 Cu2 室各有 1 个黑斑，后翅前缘中部有 1 个黑斑，这 3 个黑斑均较菜粉蝶大而圆；后翅外缘各脉端均有三角形的黑斑。翅反面白色或乳白色，除前翅 2 枚黑斑尚存外，其余斑均模糊。雌蝶斑纹较明显，反面基部的黑鳞区较雄蝶宽。

习性　一年发生 6 ~ 8 代。幼虫喜欢在萝卜、白菜、芥菜、野生的独心菜等植物上取食。

环境　广泛分布。

02

—

异型紫斑蝶
Euploea mulciber

鳞翅目　Lepidoptera
斑蝶科　Danaidae

特征　异型紫斑蝶是紫斑蝶属中雌雄斑纹唯一不同的种。翅展雌性 90 毫米，雄性 80 毫米；雄蝶前翅黑褐色，除基部外，有紫蓝色天鹅绒状光泽，中域以上散布着紫罗兰蓝色的斑和点，外缘有 1 列白点，后缘突起，呈弱圆弧形；后翅中室内上缘有 1 个苍白色斑，前半部棕褐色，其前缘部灰白色，后半部浓栗褐色，呈对角线地把后翅分成两种颜色。雌蝶前翅后缘直，紫蓝色天鹅绒光泽较雄蝶少，斑纹排列似雄蝶，但大而明显；后翅除外缘 1 列整齐的白点外，全部为白色放射状条纹。

习性　幼虫取食夹竹桃科的弓果藤等植物。成虫喜欢访花，飞行较缓慢，路线不规则。

环境　海拔 2000 ~ 2600 米的亚热带干暖河谷，海拔 2600 ~ 2800 米的温性针阔混交林带。

03

—

琉璃蛱蝶
Kaniska canace

鳞翅目　Lepidoptera
蛱蝶科　Nymphalidae

特征　展翅宽 55 ~ 70 毫米。翅膀表面黑褐色，亚顶端有 1 个白斑；具 1 条淡水蓝色带状斑纹，贯穿上、下翅，在前翅呈"Y"状；翅膀腹面斑纹杂乱，以黑褐色为主，下翅中央有 1 枚小白点。雌雄差异不明显。

习性　雄蝶具领域性，嗜食树液、腐败的水果、动物粪便及花蜜。

环境　除冬季外，成虫生活在低、中海拔山区。

02a

02b

03a

03b

01

——

荨麻蛱蝶
Aglais urticae

鳞翅目　Lepidoptera
蛱蝶科　Nymphalidae

特征　翅橘红色。前翅前缘黄色，有 3 块黑斑，后缘中部有 1 个大黑斑，中域有 2 个较小黑斑；后翅基半部灰色。两翅亚缘黑色带中有淡蓝色三角形斑列。反面前翅黑赭色，3 个黑色前缘斑与正面一样，顶角和端缘带黑色；后翅褐色，基半部黑色。外缘有模糊的蓝色新月纹。

习性　荨麻蛱蝶的寄主通常是荨麻科的植物。幼虫取食荨麻、大麻等植物。

环境　分布于云南北部广大地区；朝鲜、日本北部、中亚地区、欧洲。

02

——

大红蛱蝶
Vanessa indica

鳞翅目　Lepidoptera
蛱蝶科　Nymphalidae

特征　翅黑褐色，外缘波状。前翅 M1 脉外伸成角状，翅顶角有几个白色小点，亚顶角斜列 4 个白斑，中央有 1 条宽的红色不规则斜带。后翅暗褐色，外缘红色，内有 1 列黑色斑，内侧还有 1 列黑色斑。前翅反面除顶角茶褐色外，前缘中部有蓝色细横线；后翅反面有茶褐色的云状斑纹，外缘有 4 枚模糊的眼斑。

习性　成虫飞翔力强，喜白天吸食花蜜，中午尤其活跃，把卵产在苎麻的顶叶上，卵散产，每叶 1 ~ 2 粒。

环境　分布于亚洲和欧洲大部分地区、非洲西北部。

03

——

矛环蛱蝶
Neptis armandia

鳞翅目　Lepidoptera
蛱蝶科　Nymphalidae

特征　中小型蛱蝶，前翅正面第 2、3 室的淡色斑淡黄色，多为近圆形，不倾斜，近前角第 5 室的淡色斑与第 6 室的斑分离或勉强相接，翅正面黑色，斑纹黄色。前翅中室条与室侧条愈合，下外带 M3 室斑为 Cu1 室斑通 Cu1 脉的延伸，M1 室的上外带斑在翅反面为白色。后翅反面基域内有深色斑点。前翅反面中室条前方的区与中室条颜色相同。

习性　喜在日光下活动，飞翔迅速，行动敏捷。有的休息时翅不停扇动；有的飞翔力强，常在叶上将翅展开。

环境　分布于浙江、陕西、四川、云南、西藏等地区。

01
—

斐豹蛱蝶
Argynnis hyperbius

鳞翅目　Lepidoptera
蛱蝶科　Nymphalidae

特征　雌雄异型。雄蝶翅橙黄色，后翅外缘黑色具蓝白色细弧纹，翅面布满黑色斑点；雌蝶个体较大，前翅端半部紫黑色，其中有 1 条白色斜带，其余与雄蝶相似。反面前翅顶角暗绿色有小斑；后翅斑纹暗绿色，亚外缘内侧有 5 个银白色小点，围有绿色环，中区斑列的内侧或外侧具黑线，此斑多近方形，基部有 3 个围有黑边的圆斑，中室内的一个有白点，另有数个不规则纹。

习性　喜访花吸蜜，飞行高度不高，姿态优雅。雄蝶具一定的领域意识。雌蝶常贴近地面飞行，找到寄主植物后，会在附近地面爬行选择合适的区域产卵。

环境　常栖息于公园、绿地、农田、荒地、林间等。

02
—

圆翅网蛱蝶
Melitaea yuenty

鳞翅目　Lepidoptera
蛱蝶科　Nymphalidae

特征　小型蛱蝶。背面翅面黄褐色，翅外缘圆形，是本种特征。中室外 3 列黑斑，外侧一列个体大，尤其是后翅，腹面后翅中域斑带清晰，中部弯曲，带内黑斑排列整齐。

习性　1 年 2 代，成虫多见于 5 月、7 月，喜访花。

环境　成虫栖息于荒地、干燥环境。

03
—

丽罕莱灰蝶
Helleia li

鳞翅目　Lepidoptera
灰蝶科　Lycaenidae

特征　小型灰蝶。背面翅面暗红褐色，有紫色金属光泽，前翅外角附近红色，后翅外缘有红色新月纹，尾状突 1 枚，雌蝶前翅大部分橙红色，有黑斑；腹面前翅橙黄色，后翅橙红色，前翅中室斑黑斑 3 个，中室下方 Cu2 室有 1 个黑斑，中域有 1 列垂直黑斑，亚缘有断续状白色条纹连续，臀角上方有"V"字形纹，基部、中域有黑斑。

习性　成虫多见于 5 ~ 8 月。喜访花。

环境　栖息在干燥的河谷环境。

雄

01a

01

02

03

01
—

蓝燕灰蝶
Rapala caerulea

鳞翅目　Lepidoptera
灰蝶科　Lycaeninae

特征　中型灰蝶。雌雄斑纹相似。躯体背侧黑褐色，腹侧胸部灰白色，腹部橙色。后翅有细长尾突。翅背面褐色，常有橙色纹，雄蝶有蓝紫色金属光泽。翅腹面底色黄褐色或灰白色，前、后翅均有两侧镶浅色线之带纹，于后翅反折呈"W"字形。前、后翅中室端有 1 条镶浅色线之短条，沿外缘有 2 道暗色带，后翅臀角附近有眼状斑。雄蝶前翅腹面后缘具长毛、后翅背面近翅基处有灰色性标。

习性　1 年多代，成虫除冬季外终年可见。幼虫以豆科胡枝子属及绣球花科溲疏属等植物为寄主。

环境　栖息在阔叶林、灌丛、荒地。

02
—

安灰蝶
Ancema ctesia

鳞翅目　Lepidoptera
灰蝶科　Lycaeninae

特征　中型灰蝶。雄蝶背面黑褐色，前后翅有大片金属光泽的暗蓝斑，前翅翅面中央及后缘中央、后翅前缘近基部有灰色性标，翅腹面底色银灰色，前后翅中室端有黑褐色纹，亚外缘有 1 列黑褐色斑点形成的条纹，后翅近基部有 1 个黑褐色小斑，臀角及外缘有 2 个黑斑，外围包裹橙色纹。雌蝶斑纹与雄蝶相似，但翅背面蓝斑较淡，前翅蓝斑带白，无性标。

习性　1 年多代，成虫多见于 3 ~ 11 月，幼虫以檀香科扁枝槲寄生等植物为寄主。

环境　海拔 2600 ~ 2800 米的温性针阔混交林带，海拔 2800 ~ 3100 米的硬叶常绿阔叶林带。

03
—

红灰蝶
Lycaena phlaeas

鳞翅目　Lepidoptera
灰蝶科　Lycaeninae

特征　中小型灰蝶。背面前翅红色，中室有 2 个黑斑，中室外有黑斑带，外缘黑色，后翅黑褐色，外缘有红色带；腹面前翅橙黄色，斑纹同背面，外缘灰褐色，后翅灰褐色，基部、中域、中域外侧有小黑斑，外缘红色。

习性　成虫多见于 5 ~ 9 月。喜访花，幼虫以皱叶酸模等植物为寄主。

环境　常在河流、沟渠附近活动。

01
—

玉斑美凤蝶
Papilio helenus

鳞翅目　Lepidoptera
凤蝶科　Papilionidae

特征　中大型凤蝶。具尾突。前翅长约 54 ~ 60 毫米，雌雄同型；体翅皆黑色，后翅正面中室外有 3 个并列的白色斑，亚外缘有 1 列模糊的新月形红色斑，有尾突 1 根；后翅反面亚外缘有 1 列醒目的新月形红斑，臀角处有圆形红色斑 1 ~ 2 个；雌蝶颜色浅褐色。

习性　幼虫寄主为芸香科柑橘属、花椒属、飞龙掌血等多种植物。成虫飞行急速，喜访马缨丹、臭牡丹和柑橘类植物的花。

环境　低海拔河谷地带、林区和农区常能见到。

02
—

珍珠绢蝶
Parnassius orleans

鳞翅目　Lepidoptera
凤蝶科　Papilionidae

特征　中型绢蝶。中国特有、稀有种。翅白色，翅脉淡黄色。翅展 54 ~ 60 毫米。前翅翅面外缘边饰黑色线纹，灰褐色半透明，亚外缘有锯齿状黑带，中室内有 2 个黑斑，中室外和后缘中部有 3 个外围黑边的红斑；后翅翅面外缘带狭窄半透明，内侧有 4 个扁形黑斑，中间有 2 个外围黑环的红斑，翅基及内缘区黑色，臀角有 2 个外围黑环的蓝斑。腹面斑纹与背面类似。

习性　1 年 1 代，以卵越冬，成虫多见于 6 ~ 7 月。

环境　生活于高海拔地区，有很强的耐寒力。

03
—

柑橘凤蝶
Papilio xuthus

鳞翅目　Lepidoptera
凤蝶科　Papilionidae

特征　中型凤蝶。后翅具尾突。雄蝶翅背面淡黄具黑脉，前翅中室具 4 条续断黄线，端部黑色形成大眼斑，亚外缘具淡黄新月斑列；后翅前缘中部具小团黑鳞，外缘宽黑带具蓝色鳞形成的斑，亚外缘具淡黄新月斑列，臀角具黑色橙斑。腹面大体似背面，前翅亚外缘具淡黄色带；外中区贯穿黑色宽横带，镶有蓝色鳞形成的斑，外侧染橙色，外缘黑色。雌蝶斑纹同雄蝶，淡色泽略偏黄。

习性　一年多代。全年四季可见。飞行缓慢、优雅，喜欢在阳光充足的环境下活动，常在花丛上觅食。雄蝶有吸水习性。雌蝶会把卵单产于寄主植物的嫩叶上，冬季通常以蛹态越冬。

环境　出没于海拔 2500 米以下的常绿阔叶林、常绿阔叶灌丛、海岸林和都市林。

01

02

03

01
—

君主绢蝶
Parnassius imperator

鳞翅目　Lepidoptera
凤蝶科　Papilionidae

特征　成年君主绢蝶翅展 65 ~ 80 毫米，双翅底色为白色泛绿或淡黄白色，前后翅正面亚外缘均具有锯齿状的半透明带。前翅正面外缘具有较宽的半透明带，中室端和中室内各具 1 个大形黑斑。后翅正面前缘基部、前缘中部及翅中各有 1 个黑圈内红心白的三色斑，臀角处还有两外围黑环的大蓝斑。双翅反面基本与正面图案相同，只是后翅基部镶有 3 ~ 4 个红斑。

习性　成虫喜欢飞翔于有裸露岩石的沟谷，其幼虫则生存于阳光充足、气候干燥、有大量寄主植物的阳坡及半阳坡。

环境　多活动于海拔 2000 米以上的丘陵高山地带。

02
—

短棒竹节虫
Ramulus sp.

竹节虫目　Phasmatodea
竹节虫科　Phasmidae

特征　雌雄异型，体长 80 ~ 100 毫米，雌虫略长于雄虫，雌虫圆筒形，绿色或褐色、触角短；雄虫黑色，具白色线条，足大部分为橙色。

习性　多取食青冈等多种植物，是我国最主要的竹节虫类群，种类繁多，但种间形态接近，不易鉴别，尤其是雄虫。

环境　我国广泛分布。

01

02

两栖爬行动物 Amphibian and Reptile

　　两栖动物属于脊索动物门两栖纲，是脊椎动物进化史上由水生向陆生的过渡类型，成体可适应陆地生活，但繁殖和幼体发育还离不开水。主要的特征是：体温不恒定；卵生，幼体在水中生活，经变态后成体可适应陆地生活；用肺呼吸；皮肤裸露而湿润，无鳞片、毛发等皮肤衍生物；黏液腺丰富，具有辅助呼吸功能。两栖类起源于距今约3亿多年前的泥盆纪。在漫长的演变过程中，鱼类从水到陆逐渐自我完善，达到了质变，并适应陆地新环境，因而形成了两栖动物，它们是最早登陆的四足动物。

　　两栖类的生长要经过一系列变态过程，人们常说的"从水到陆"即是这一过程最好的注脚。两栖动物按形态可以分为两大类型，即有尾两栖类和无尾两栖类。有尾两栖类终生有尾，例如小鲵和蝾螈等；无尾两栖类蝌蚪期和幼体期有尾，随着它登上陆地后，尾即开始慢慢消失。

　　中国两栖纲已知3目，在梅里雪山地区，我们较容易观察到的基本属于无尾目，如华西蟾蜍、无指盘臭蛙、刺胸齿突蟾、腹斑倭蛙、胫腺蛙、昭觉林蛙等。

　　爬行动物属于脊索动物门爬行纲，是一种体表覆有鳞片或甲壳，在陆地繁殖的变温动物，需要吸收太阳的热量作为运动时所需的能量。有些生活在水里，有些生活在陆地上，大多数生活在比较暖和的地区。爬行动物以肺呼吸，皮肤缺乏腺体且干燥、不透水，体温无法保持，随外界温度改变而改变，且冬眠；牙齿有多种形式；嗅觉较为发达，具有探知气味重的化学物质的功能。除具视觉、听觉外，还具有红外线感受器，能对环境温度微小变化发生反应。以产卵方式繁殖，卵产出后借日光孵化，也有少数具有孵卵行为。

　　爬行类的繁殖要经过交配—产卵—孵化的过程，其性别受孵化温度影响明显。爬行动物按形态可以分为三大类型，即龟类、蛇类和蜥蜴类。龟类被角质的壳，多亲水或栖息于温暖的区域；蛇类无四肢，靠扭动身体行进；蜥蜴类有四肢和尾，行动迅捷。

　　中国爬行纲已知3目，在梅里雪山地区，我们较容易观察到的多为有鳞目，如草绿攀蜥、丽纹攀蜥、王锦蛇德钦亚种、黑眉晨蛇云南亚种等。

01

昭觉林蛙
Rana chaochiaoensis

无尾目　Anura
蛙科　Ranidae

特征　雄蛙体长 50 ~ 57 毫米，雌蛙 44 ~ 62 毫米。蝌蚪体全长 56 毫米。头长略大于头宽；吻端尖圆，吻棱明显；皮肤平滑，极少数背部和体侧有或长或圆的疣粒。

习性　生活于高原山岭地带近水的草间及树林里。

环境　海拔 2000 ~ 2600 米的亚热带干暖河谷，海拔 2600 ~ 2800 米的温性针阔混交林带，海拔 2800 ~ 3100 米的硬叶常绿阔叶林带（阳坡），海拔 2800 ~ 3100 米的暖性针叶林带（阴坡），海拔 3100 ~ 3800 米的寒温性针叶林带，海拔 3800 ~ 4000 米的亚高山灌丛带。

02

胫腺蛙
Liuhurana shuchinae

无尾目　Anura
蛙科　Ranidae

特征　雄蛙体长 30 ~ 36 毫米，雌蛙 39 ~ 40 毫米。蝌蚪体全长 29 毫米。头长略大于头宽或相等；吻端钝圆，吻棱明显；皮肤光滑，有分散的乳黄色扁平小疣，四肢外侧均有粗厚腺体，胫部尤为长大，近腋部常有 1 团黄色腺体。

习性　生活于高原山岭地带的静水坑塘周边。

环境　海拔 2600 ~ 2800 米的温性针阔混交林带，海拔 2800 ~ 3100 米的硬叶常绿阔叶林带（阳坡），海拔 2800 ~ 3100 米的暖性针叶林带（阴坡），海拔 3100 ~ 3800 米的寒温性针叶林带，海拔 3800 ~ 4000 米的亚高山灌丛带。

03

无指盘臭蛙
Odorrana grahami

无尾目　Anura
蛙科　Ranidae

特征　雄蛙体长 70 ~ 84 毫米，雌蛙 75 ~ 105 毫米。蝌蚪体全长 54 毫米。头顶扁平，头长略大于头宽或相等；吻端钝圆；皮肤光滑无侧褶，有细小瘰粒和扁平大疣。

习性　生活于高原山溪地带或大型静水区域周边。

环境　海拔 2000 ~ 2600 米的亚热带干暖河谷，海拔 2600 ~ 2800 米的温性针阔混交林带，海拔 2800 ~ 3100 米的硬叶常绿阔叶林带（阳坡），海拔 2800 ~ 3100 米的暖性针叶林带（阴坡），海拔 3100 ~ 3800 米的寒温性针叶林带，海拔 3800 ~ 4000 米的亚高山灌丛带。

04

中华蟾蜍
Bufo gargarizans

无尾目　Anura
蟾蜍科　Bufonidae

特征　雄蟾体长 63 ~ 90 毫米，雌蟾 85 ~ 116 毫米。蝌蚪体全长 24 毫米。头宽大于头长；吻端高而圆，吻棱明显；皮肤粗糙，满布不规则瘰疣，有一对较大的耳后腺。

习性　生活于高海拔地区的静水或洞水区域附近。

环境　海拔 2000 ~ 2600 米的亚热带干暖河谷，海拔 2600 ~ 2800 米的温性针阔混交林带，海拔 2800 ~ 3100 米的硬叶常绿阔叶林带（阳坡），海拔 2800 ~ 3100 米的暖性针叶林带（阴坡），海拔 3100 ~ 3800 米的寒温性针叶林带，海拔 3800 ~ 4000 米的亚高山灌丛带。

01

刺胸猫眼蟾
Scutiger mommatus

无尾目　Anura
角蟾科　Megophryidae

特征　雄蟾体长 62 ～ 81 毫米，雌蟾 61 ～ 78 毫米。蝌蚪体全长 61 毫米。头宽略大于头长；吻端圆，无鼓膜和鼓环；背部皮肤粗糙，满布不规则瘰疣，腹面光滑，有一对胸腺和一对腋腺。
习性　生活于高原溪流附近。
环境　海拔 2600 ～ 2800 米的温性针阔混交林带，海拔 2800 ～ 3100 米的硬叶常绿阔叶林带（阳坡），海拔 2800 ～ 3100 米的暖性针叶林带（阴坡），海拔 3100 ～ 3800 米的寒温性针叶林带，海拔 3800 ～ 4000 米的亚高山灌丛带。

02

丽纹攀蜥
Diploderma splendidum

有鳞目　Squamata
鬣蜥科　Agamidae

特征　雄蜥体长 100+245 毫米（头体长 + 尾长，下同），雌蜥 100+229 毫米。鼓膜被鳞，有喉褶和喉囊；尾长超过头体长的两倍，背侧各有一蓝绿色宽纵纹。
习性　生活于河谷两岸的乔木上。
环境　海拔 2000 ～ 2600 米的亚热带干暖河谷。

03

草绿攀蜥
Diploderma flaviceps

有鳞目　Squamata
鬣蜥科　Agamidae

特征　雄蜥体长 78+167 毫米，雌蜥 78+144 毫米。鼓膜被鳞，有喉褶；鼻鳞与吻鳞间相隔 2 枚小鳞，鼻鳞与第一上唇鳞间相隔 1 或 2 枚小鳞；尾长不到头体长的两倍，背侧各有一黄色宽纵纹。
习性　生活于高原干热河谷两岸的岩石和灌丛地带。
环境　海拔 2000 ～ 2600 米的亚热带干暖河谷。

04

敖闰龙蜥
Diploderma aorun

有鳞目　Squamata
鬣蜥科　Agamidae

特征　体形中等，雄性吻肛长 56.3 ～ 61.2 毫米，雌性吻肛长 57 ～ 66.5 毫米。头部背表面的底色为烟白色，具有四条深中灰色均匀分布的横带；头侧的底色为白色。眼睛周围有深黑色放射状条纹。身体背面和侧面的底色为浅黄色，背外侧两侧有一条明显的锯齿状的米色条纹，背部有 6 块深黑色矩形斑块，每个斑块由米色横向条纹相互连接。四肢背表面为白色，横带为深灰色至深黑色。尾巴的背表面是烟白色，剩余远端为均匀的灰褐色。头部腹面的底色为白色，具有短小的墨黑色条纹和斑点，其中一些连接并形成蠕虫状图案。在头腹侧后部中心有一个不规则的中蓝色角斑，相对较大。身体的腹面是均匀的白色，没有任何明显的斑纹。手部和足部腹面是均匀的浅黄褐或橄榄色，而四肢其余的腹面是均匀的白色。
习性　经常会趴在石头上，享受日光，宣示自己对周围领地的主权。
环境　中国西南部金沙江上游，海拔 3000 米以下的干热河谷地区。

01

—

帆背攀蜥
Diploderma vela

有鳞目　Squamata
鬣蜥科　Agamidae

特征　体形较小，成年雄性吻肛长 56 ～ 69 毫米，雌性为 59 ～ 66 毫米。雄性从头部后缘到尾部基部的整个背部上具有明显的、连续的、帆状的脊椎突起。雄性底色为黑色，具有白色斑纹。雌性底色为浅棕色至深棕色。

环境　云南省西北部澜沧江海拔 3000 米以下的河谷中。

02

—

翡翠攀蜥
Diploderma iadinum

有鳞目　Squamata
鬣蜥科　Agamidae

特征　翡翠攀蜥为一种营地栖小型蜥蜴，全长不过 30 厘米。雄、雌体色差异巨大，雄性体色艳丽，通体为翡翠绿色并夹杂着规律分布的黑褐色花纹，喉部为宝石蓝色；雌性则大多为黄褐色或者灰褐色，喉部为黄绿色。

习性　主要生活在干热河谷的乱石滩以及林缘杂草灌木丛，以昆虫等节肢动物为食。

环境　云南省境内澜沧江上游，海拔 3000 米以下的河谷中。

03

—

王锦蛇德钦亚种
*Elaphe carinata
deqenensis*

有鳞目　Squamata
游蛇科　Colubridae

特征　体长可达 880+320 毫米。头部椭圆形，吻棱清晰；头顶无色斑，通身灰棕色，前 2/3 段密布黑色窄横纹，体后各有两条浅的黑纵纹。

习性　生活于河谷及农田附近的灌丛地带。

环境　海拔 2000 ～ 2600 米的亚热带干暖河谷。

04

—

黑眉锦蛇云南亚种
*Elaphe taeniura
yunnanensis*

有鳞目　Squamata
游蛇科　Colubridae

特征　体长可达 1562+348 毫米。头长椭圆形，吻棱清晰；眼后有一道黑色眉纹，背面黄绿色，前段背中央区有梯形黑纹，中段后有 4 条黑色纵纹直达尾尖。

习性　生活于丘陵山区。

环境　海拔 2600 ～ 2800 米的温性针阔混交林带，海拔 2800 ～ 3100 米的硬叶常绿阔叶林带（阳坡 / 阴坡）。

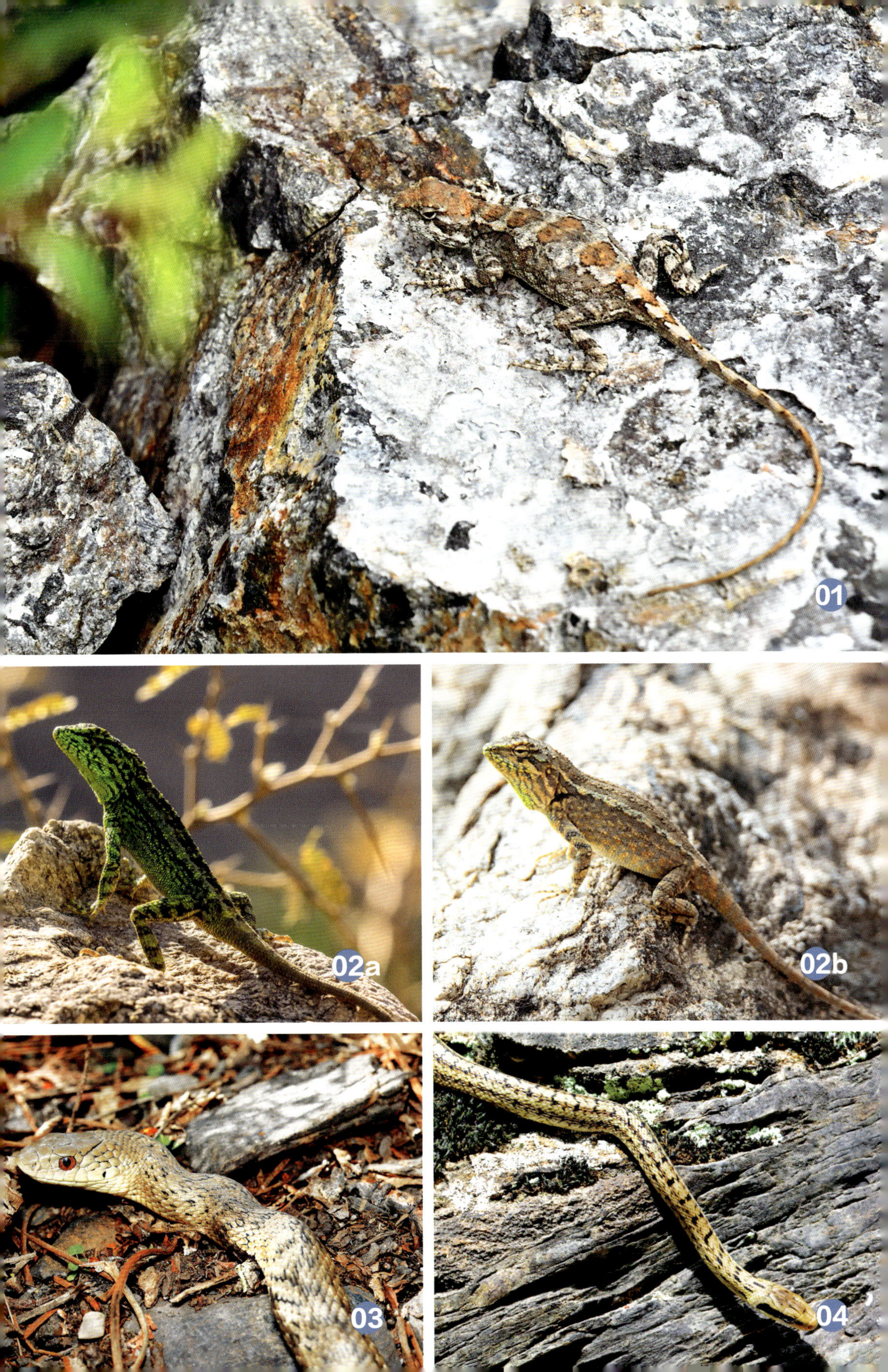
01
02a
02b
03
04

01

—

大眼斜鳞蛇
Pseudoxenodon
macrops

有鳞目　Squamata
游蛇科　Colubridae

特征　雄蛇体长 860+252 毫米，雌蛇 867+158 毫米。头背和颈背面有 1 个箭型斑；上唇鳞 7 ~ 8 枚；背鳞 19–19–17 式，除最外 1 ~ 3 行光滑外，其余均起棱。

习性　生活于高海拔山区丘陵及农耕地附近。

环境　海拔 2600 ~ 2800 米的温性针阔混交林带，海拔 2800 ~ 3100 米的硬叶常绿阔叶林带（阳坡），海拔 2800 ~ 3100 米的暖性针叶林带（阴坡）。

02

—

八线腹链蛇
Hebius octolineatum

有鳞目　Squamata
水游蛇科　Natricidae

特征　雄蛇体长 594+187 毫米，雌蛇 495+178 毫米。通身背面有 8 条红黑黄相间的纵线纹，背外侧与腹侧有锯齿纹；鼻孔有鼻瓣。

习性　生活于高原缓水溪流及静水坑塘附近。

环境　海拔 2000 ~ 2600 米的亚热带干暖河谷。

03

—

紫灰蛇
Oreocryptophis
porphyraceus

有鳞目　Squamata
游蛇科　Colubridae

特征　无毒的中小型蛇类，体长可达 1 米以上。体色极为鲜艳，有红黑相间的花纹，头部呈椭圆形。

习性　性情害羞、温和，卵生，以鼠类为食。

环境　栖息于低海拔山区、农地。

04

—

乡城原矛头蝮
Protobothrops
xiangchengensis

有鳞目　Squamata
蝰科　Viperidae

特征　雄蛇体长 741+124 毫米，雌蛇 765+124 毫米。头三角形，吻棱显著；体形修长，尾相对较短。背面蓝灰色或灰褐色，有暗红或暗褐色交错的不规则横斑；卵胎生。

习性　生活于高原山坡森林边缘的灌丛地带，灌丛或石堆附近。

环境　海拔 2600 ~ 2800 米的温性针阔混交林带，海拔 2800 ~ 3100 米的硬叶常绿阔叶林带（阳坡），海拔 2800 ~ 3100 米的暖性针叶林带（阴坡）。

　　鸟是两足、恒温、卵生的脊椎动物，身披羽毛，前肢演化成翅膀，有坚硬的喙。鸟纲在生物分类学上是脊椎动物亚门下的一个纲。因其身体被羽毛覆盖，中国古代动物学将其统称为"羽虫"。鸟的体形大小不一，既有体形很小的蜂鸟，也有体形巨大的鸵鸟和鸸鹋。与其他陆生脊椎动物相比，鸟是一个拥有很多独特生理特点的种类。大多数鸟都会飞行，少数平胸类鸟不会飞，特别是生活在岛上的鸟，基本上失去了飞行的能力。不能飞的鸟包括企鹅、鸵鸟、几维鸟以及已灭绝的渡渡鸟。当人类或其他的哺乳动物侵入它们的栖息地时，这些不能飞的鸟将更容易灭绝，如大海雀和恐鸟就是这样消失的。

　　绝大多数鸟营树栖生活，少数营地栖生活。鸟的食物多种多样，包括花蜜、种子、昆虫、鱼、腐肉或其他鸟。大多数鸟是日间活动，也有一些鸟是夜间或者黄昏的时候活动（如猫头鹰）。许多鸟都会进行长距离迁徙以寻找最佳栖息地（如北极燕鸥），也有一些鸟大部分时间都在海上度过（如信天翁）。中国的鸟类共计27目114科。根据其生活方式和结构特征，大致可分为6个生态类群，即游禽、涉禽、猛禽、攀禽、陆禽和鸣禽。

　　目前全世界已知的鸟一共有9000多种，中国有1400余种，其中不乏中国特有鸟种。在梅里雪山较为常见的鸟是各类山雀和噪鹛，雉类应该是梅里雪山最值得寻找和观赏的鸟类了。开花季节是观看太阳鸟和啄花鸟的好时候，冬季在沙棘林里可以找到朱雀类和红尾鸲类。

01
—

黄喉雉鹑
Tetraophasis szechenyii

鸡形目　Galliformes
雉科　Phasianidae

特征　体长约 48 厘米。与雉鹑非常相似，皮黄色，喉块无白色边缘。眼周裸皮猩红色。虹膜褐色；嘴略黑；脚深红色。

习性　结小群活动于冷杉林、杜鹃灌丛、多岩深谷及邻近的高山草甸。受惊时骤然不动或向山下飞行。

环境　海拔 3800 ～ 4000 米的亚高山灌丛带。

02
—

血雉
Ithaginis cruentus

鸡形目　Galliformes
雉科　Phasianidae

特征　体长约 46 厘米，似鹑类，具矛状长羽，冠羽蓬松，脸与腿猩红、翼及尾沾红的雉种。头近黑，具近白色冠羽及白色细纹。上体多灰带白色细纹，下体沾绿色。胸部红色多变。雌鸟色暗且单一，胸为皮黄色。虹膜黄褐色；嘴近黑色而带红色蜡膜；脚红色。

习性　形成小至大群，觅食于亚高山针叶林、苔原森林的地面及杜鹃灌丛。

环境　海拔 3100 ～ 3800 米的寒温性针叶林带。

03
—

红腹角雉
Tragopan temminckii

鸡形目　Galliformes
雉科　Phasianidae

特征　体长约 68 厘米而尾短。雄鸟绯红，上体多有带黑色外缘的白色小圆点，下体带灰白色椭圆形点斑。头黑，眼后有金色条纹，脸部裸皮蓝色，具可膨胀的喉垂及肉质角。雌鸟较小，具棕色杂斑，下体有大块白色点斑。虹膜褐色；嘴黑色，嘴尖粉红色；脚粉色至红色。

习性　单个或家族栖于亚高山林的林下。不惧生。夜栖枝头。雄鸟炫耀时膨胀喉垂并竖起蓝色肉质角，喉垂完全膨起时有蓝红色图案。

环境　海拔 2800 ～ 3100 米的硬叶常绿阔叶林带（阳坡）。

04
—

勺鸡
Pucrasia macrolopha

鸡形目　Galliformes
雉科　Phasianidae

特征　体长约 61 厘米而尾相对短。具明显的飘逸型耳羽束。雄鸟头顶及冠羽近灰，喉、宽阔的眼线、枕及耳羽束金属绿色，颈侧白色，上背皮黄色，胸栗色，其他部位的体羽为长的白色羽毛上具黑色矛状纹。雌鸟体形较小，具冠羽但无长的耳羽束，体羽图纹与雄鸟同。

习性　常单独或成对。遇警情时深伏不动。雄鸟炫耀时耳羽束竖起。喜开阔的多岩林地，常为松林及杜鹃林。

环境　海拔 2000 ～ 2600 米的亚热带干暖河谷，海拔 2800 ～ 3100 米的暖性针叶林带（阴坡）。

01a

01b

雄

雌

02a

02b

03

04

01

白马鸡
Crossoptilon crossoptilon

鸡形目　Galliformes
雉科　Phasianidae

特征　体长约 80 厘米白色马鸡。具黑色蓬松的丝状尾羽。飞羽黑色，头顶黑，脸颊裸皮猩红。有白色髭须，虹膜橘黄色；嘴浅粉色；脚红色。

习性　以小群活动，觅食于林间草地。不喜飞行，受惊扰时扎入附近灌丛。

环境　海拔 3100 ~ 3800 米的寒温性针叶林带。

02

环颈雉
Phasianus colchicus

鸡形目　Galliformes
雉科　Phasianidae

特征　雄鸟体长约 85 厘米，头部具黑色光泽，有显眼的耳羽簇，宽大的眼周裸皮鲜红色。身体点缀着从墨绿色至铜色至金色的羽毛；两翼灰色，尾长而尖，褐色并带黑色横纹。雌鸟体长约 60 厘米，色暗淡，周身密布浅褐色斑纹。

习性　雄鸟单独或成小群活动，雌鸟与其雏鸟偶尔与其他鸟合群。栖于不同海拔的开阔林地、灌木丛、半荒漠及农耕地。

环境　海拔 2000 ~ 2600 米的亚热带干暖河谷。

03

白腹锦鸡
Chrysolophus amherstiae

鸡形目　Galliformes
雉科　Phasianidae

特征　雄鸟体长约 150 厘米，色彩浓艳独特，头顶、喉及上胸为闪亮深绿色，猩红色的冠羽形短，白色颈背呈扇贝形而带黑色羽缘，背及两翼为闪亮深绿色，腹白，腰黄色，尾羽特形长微下弯，为白色间以黑色横带。雌鸟体长约 60 厘米，上体多黑色和棕黄色横斑，喉白色，胸栗色并多具黑色细纹。

习性　生活于有林山坡的低矮树丛及次生林中。

环境　海拔 2800 ~ 3100 米的硬叶常绿阔叶林带（阳坡），海拔 2800 ~ 3100 米的暖性针叶林带（阴坡），海拔 3100 ~ 3800 米的寒温性针叶林带。

04

藏雪鸡
Tetraogallus tibetanus

鸡形目　Galliformes
雉科　Phasianidae

特征　体长约 53 厘米，体形与家鸡相似。头、胸及枕部灰，喉白色，眉苍白，白色耳羽有时染皮黄色，胸两侧具白色圆形斑块。眼周裸露皮肤橘黄色。两翼具灰色及白色细纹，尾灰且羽缘赤褐。下体苍白，有黑色细纹。

习性　常集小群活动，性情胆怯而机警。在裸露岩石的稀疏灌丛和高山苔原草甸等处活动。不进森林和厚密的大片灌丛地区。奔走时非常灵活，飞行时自山上向下滑行。啄食植物的球茎、块根、草叶等。

环境　海拔 3000 ~ 6000 米的森林上线至雪线之间的高山灌丛、苔原和裸岩地带。

01

04

02a

02b

03

01
—

高原山鹑
Perdix hodgsoniae

鸡形目　Galliformes
雉科　Phasianidae

特征　体长约 28 厘米。具醒目的白色眉纹和特有的栗色颈圈，眼下脸侧有黑色点斑。上体黑色横纹密布，外侧尾羽棕褐色。下体显黄白，胸部具很宽的黑色鳞状斑纹并至体侧。虹膜红褐色；嘴角质绿色；脚淡绿褐色。眼下具一较宽的黑色斑块，易于辨识。

习性　善奔跑，行动灵活，偶尔也作快速飞行。

环境　海拔 2500 ～ 5000 米的高山裸岩、高山苔原高原和亚高山矮树丛和灌丛地区，有季节性垂直迁徙现象。

02
—

黑颈长尾雉
Syrmaticus humiae

鸡形目　Galliformes
雉科　Phasianidae

特征　体形较大，体长约为 55 厘米，最长可达 90 厘米。雄鸟头顶褐绿色，两侧有白色眉纹，上体背羽紫栗色具黑斑，肩羽具宽阔的白色块斑，下背、腰、尾上覆羽白色具蓝黑色斑，翅羽暗褐色，尾长，尾羽灰色具有黑栗二色并列的横斑，下体腹部与两胁栗色，嘴角黄色，脚黄灰色。雌鸟体羽棕褐色，满布黑色斑纹，上背有白色矢状斑，外侧尾羽大都栗色。

习性　性机警而安静。喜在林相发达、林下不甚茂密的地面觅食。早上和下午活动频繁，中午多休息或沙浴。

环境　海拔 1000 ～ 3000 米的山地森林及林缘灌丛。

03
—

斑尾榛鸡
Tetrastes sewerzowi

鸡形目　Galliformes
雉科　Phasianidae

特征　体形较小而满布褐色横斑的松鸡，平均体重 300 克左右，体长一般在 310 ～ 380 毫米。具明显冠羽，黑色喉块外缘白色。上体多褐色横斑而带黑色。外侧尾羽黑色，具白色细纹。眼后有一道白线，肩羽具近白色斑块，翼上覆羽端白。下体胸部棕色，及至臀部渐白，并密布黑色横斑。雌鸟色暗，喉部有白色细纹，下体多皮黄色。

习性　冬季多在树上活动，繁殖期在地面活动时间较长。食物以植物为主。

环境　栖息于海拔 3400 ～ 3900 米的山麓林缘稀疏灌木林中。

01

02

03

01
—
戴胜
Upupa epops

犀鸟目　Bucerotiformes
戴胜科　Upupidae

特征　中等体形、色彩鲜明的鸟类，体长约 30 厘米。雄雌外形相似。具长而尖黑的耸立型粉棕色丝状冠羽。冠羽顶端有黑斑，冠羽平时褶叠倒伏不显，直竖时像一把打开的折扇，随同鸣叫时起时伏。受惊、鸣叫或在地上觅食时，冠能耸起。头、上背、肩及下体粉棕，两翼及尾具黑白相间的条纹。嘴长且下弯。指名亚种冠羽黑色，羽尖下具次端白色斑。

习性　单独或集小群活动。在地面觅食，用喙插入土中捕食蠕虫，捉到后会抛起吞下，受到惊扰时会向前飞行一段距离后停下，或者飞到附近树上。兴奋或受惊时会展开羽冠。呈波浪形飞行，速度较慢。

环境　觅食于开阔的短草地、农田及荒野，筑巢于树洞或崖壁缝隙中。

02
—
灰头绿啄木鸟
Picus canus

啄木鸟目　Piciformes
啄木鸟科　Picidae

特征　中等体形的绿色啄木鸟，体长约 27 厘米。识别特征为下体全灰，颊及喉亦灰。脚具 4 趾，外前趾较外后趾长。

习性　常在树干中下部活动，螺旋向上攀行至树枝分叉处后再飞到另一棵树的基部。主要以蚂蚁、小蠹虫、天牛幼虫和鳞翅目、鞘翅目、膜翅目的昆虫为食。

环境　主要栖息于低山阔叶林和混交林，也出现于次生林和林缘地带，很少到原始针叶林中。秋冬季常出现于路旁、农田地边疏林，也常到村庄附近小林内活动。

03
—
大斑啄木鸟
Dendrocopos major

啄木鸟目　Piciformes
啄木鸟科　Picidae

特征　体长约 24 厘米。雄鸟枕部具狭窄红色带而雌鸟无。两性臀部均为红色，但带黑色纵纹的近白色胸部上无红色或橙红色，可以此区别于相近的赤胸啄木鸟及棕腹啄木鸟。虹膜近红色；嘴灰色；脚灰色。

习性　凿树洞营巢，取食昆虫，尤其是树皮下的昆虫幼虫。

环境　海拔 2800～3100 米的硬叶常绿阔叶林带（阳坡）。

04
—
领角鸮
Otus lettia

鸮形目　Strigiformes
鸱鸮科　Strigidae

特征　体形略大的偏灰或偏褐色角鸮，体长约 24 厘米。具明显耳羽簇及特征性的浅沙色颈圈。上体偏灰色或沙褐色，并多具黑色及皮黄色的杂纹或斑块；下体皮黄色，条纹黑色。虹膜深褐色；嘴黄色；脚污黄色。

习性　除繁殖期成对活动外，通常单独活动。白天多躲藏在树上浓密的枝叶丛间，晚上才开始活动和鸣叫。主要以鼠类、甲虫、蝗虫和鞘翅目昆虫等为食。

环境　栖息于山地阔叶林和混交林中，也出现于山麓林缘和村寨附近树林内。

01

—

灰林鸮
Strix nivicolum

鸮形目　Strigiformes
鸱鸮科　Strigidae

特征　中型鸮类，体长 37 ~ 40 厘米，头圆，无耳簇羽，面盘明显。橙棕色或黑褐色，上体暗灰色，呈棕色与褐色斑杂状，外侧翅上覆羽外翈棕白色，在翅上形成显著的棕白色翅斑。下体白色或皮黄白色。胸具细密条纹和虫蠹状斑。

习性　喜欢河岸和沟谷森林地带，夜行性，主要以啮齿类为食，也吃小鸟、蛙、小型兽类和昆虫，偶尔在水中捕食鱼类，在夜间是以视觉及听觉来捕捉猎物，飞行时保持寂静。

环境　栖息于中高海拔林地中。

02

—

短耳鸮
Asio flammeus

鸮形目　Strigiformes
鸱鸮科　Strigidae

特征　长耳鸮属的一种猫头鹰，因为耳羽短于长耳鸮，又叫短耳猫头鹰。眼亮黄色，眼周具黑色眼影，耳羽较短，胸羽为棕色，无细碎斑纹。

习性　越冬期有时集小群。通常营巢于地面草丛中或其他猛禽旧巢，有时亦在树洞中繁殖。夜行性，偏好在晨昏活动，白天多藏匿于林间休息。飞行迅速且敏捷。

环境　常栖息于低山、丘陵、苔原、荒漠、平原、沼泽、湖岸和草地等各类生境中。尤以开阔平原草地、沼泽和湖岸地带较多见。

03

—

雕鸮
Bubo bubo

鸮形目　Strigiformes
鸱鸮科　Strigidae

特征　属夜行猛禽，喙坚强而钩曲，嘴基蜡膜为硬须掩盖。翅的外形不一，第 5 枚次级飞羽缺。尾短圆，尾羽 12 枚，有时仅 10 枚。脚强健有力，常全部被羽，第 4 趾能向后反转，以利攀缘。爪大而锐。尾脂腺裸出。耳孔周缘有明显的耳状簇羽，有助于夜间分辨声响与夜间定位。胸部体羽多具显著花纹。

习性　除繁殖期外，通常单独活动。夜行性，白天常在树上、崖壁、枯草丛中休息。听力发达，有人靠近时立即睁眼观察，如果过于接近，会转动身体立即飞走。飞行慢而无声，常低空飞行。

环境　栖息于山地森林、平原、荒野、林缘灌丛、疏林以及裸露的高山和峭壁等各类生境中，可生活在海拔 3000 米以上的地区。通常在人迹罕至的偏僻之地活动。

01

02

03

01
——

白胸翡翠
Halcyon smyrnensis

佛法僧目　Coraciiformes
翠鸟科　Alcedinidae

特征　体长约 27 厘米的翡翠属鸟类。颏、喉及胸部白色；头、颈及下体余部褐色；上背、翼及尾蓝色鲜亮（晨光中看似青绿色）；翼上覆羽上部及翼端黑色。虹膜深褐色；嘴深红色；脚红色。

习性　通常单独活动。喜停栖在水边的电线、树枝或石头上，长时间望着水面，发现猎物后立刻飞到地面或跃入水中捕食，直线飞行，速度较快。

环境　活动于池塘、水库、沼泽、鱼塘、河流、湖泊岸边、海岸、树林或村庄附近的水域，有时亦远离水域活动。

02
——

普通翠鸟
Alcedo atthis

佛法僧目　Coraciiformes
翠鸟科　Alcedinidae

特征　体长约 15 厘米，具亮蓝色及棕色的翠鸟。上体金属浅蓝绿色，颈侧具白色点斑；下体橙棕色，颏白色。幼鸟色暗淡，具深色胸带。橘黄色条带横贯眼部及耳羽为本种识别特征。虹膜褐色；雄鸟嘴黑色，雌鸟下颚橘黄色；脚红色。

习性　常出没于开阔郊野的淡水湖泊、溪流、运河、鱼塘及红树林。栖于岩石或探出的枝头上，转头四顾寻鱼而入水捉之。

环境　海拔 2000 ~ 2600 米的亚热带干暖河谷。

03
——

大杜鹃
Cuculus canorus

鹃形目　Cuculiformes
杜鹃科　Cuculidae

特征　体长约 32 厘米。上体灰色，尾偏黑色，腹部近白而具黑色横斑。虹膜及眼圈黄色；嘴上为深色，下为黄色；脚黄色。

习性　喜开阔的有林地带及大片芦苇地，有时停在电线上找寻其他鸟类的巢。

环境　海拔 2600 ~ 2800 米的温性针阔混交林带。

04
——

大紫胸鹦鹉
Psittacula derbiana

鹦形目　Psittaciformes
鹦鹉科　Psittacidae

特征　体长 37 ~ 50 厘米。尾长，头、胸紫蓝灰色，具宽的黑色髭纹。雄鸟上嘴亮红色，眼周及额沾淡绿色，狭窄的黑色额带延伸成眼线，中央尾羽渐变为偏蓝色。前顶冠无蓝色。虹膜黄色；嘴雄鸟上嘴红色、下嘴黑色，雌鸟黑色；脚灰色。

习性　成群地尖叫着快速飞越森林。由于常被捕捉作为宠物，因而造成局部地区濒危。

环境　海拔 2600 ~ 2800 米的温性针阔混交林带，海拔 2800 ~ 3100 米的暖性针叶林带（阴坡），海拔 3100 ~ 3800 米的寒温性针叶林带。

01

—

岩鸽
Columba rupestris

鸽形目　Columbiformes
鸠鸽科　Columbidae

特征　体长 30 ～ 35 厘米。翼上具两道黑色横斑，尾上有宽阔的偏白色次端带，灰色的尾基、浅色的背部及尾上的次端带成明显对比。虹膜浅褐色；嘴黑色，蜡膜肉色；脚红色。

习性　群栖于多峭壁崖洞的岩崖地带。

环境　海拔 2000 ～ 2600 米的亚热带干暖河谷。

02

—

雪鸽
Columba leuconota

鸽形目　Columbiformes
鸠鸽科　Columbidae

特征　体长约 35 厘米。头深灰色；领、下背及下体白色；上背褐灰色，腰黑色；尾黑，中间部位具白色宽带；翼灰色，具两道黑色横纹。虹膜黄色；嘴深灰色，蜡膜洋红色；脚浅红色。

习性　成对或结小群活动。滑翔于高山草甸、悬崖峭壁及雪原的上空。

环境　海拔 3100 ～ 3800 米的寒温性针叶林带。

03

—

山斑鸠
Streptopelia orientalis

鸽形目　Columbiformes
鸠鸽科　Columbidae

特征　体长约 32 厘米。颈侧有带明显黑白色条纹的块状斑。上体的深色扇贝斑纹与体羽羽缘棕色，腰灰色，尾羽近黑色，尾梢浅灰色。下体多偏粉色，脚红色。虹膜黄色；嘴灰色。

习性　成对活动，多在开阔农耕区、村庄及寺院周围，取食于地面。

环境　海拔 2600 ～ 2800 米的温性针阔混交林带，海拔 2800 ～ 3100 米的硬叶常绿阔叶林带（阳坡），海拔 2800 ～ 3100 米的暖性针叶林带（阴坡）。

04

—

胡兀鹫
Gypaetus barbatus

鹰形目　Accipitriformes
鹰科　Accipitridae

特征　体长约 110 厘米。黑色粗大贯眼纹与灰白色的头成对比。下体黄褐色，上体褐色具皮黄色纵纹。具髭须，成鸟具红色裸露眼圈。飞行时两翼尖而直与楔形长尾为本种识别特征。虹膜黄色或红色；嘴黑色；脚灰色。

习性　把小型猎物及较大猎物的骨头衔起摔到大岩石上成碎片，然后进食。

环境　海拔 3800 ～ 4000 米的亚高山灌丛带，海拔 4000 米以上的高山复合体带。

01

02

03

04

01
——
高山兀鹫
Gyps himalayensis

鹰形目　Accipitriformes
鹰科　Accipitridae

特征　体长约 120 厘米。下体具白色纵纹，头及颈略被白色绒羽，具皮黄色的松软领羽。初级飞羽黑色。虹膜橘黄色；嘴灰色；脚灰色。
习性　通常于高空翱翔，有时结小群活动，或停栖于多岩峭壁。
环境　海拔 4000 米以上的高山复合体带。

02
——
白尾鹞
Circus cyaneus

鹰形目　Accipitriformes
鹰科　Accipitridae

特征　雄鸟体长约 50 厘米，比雌性略大。具显眼的白色腰部及黑色翼尖。雌鸟褐色，头部色彩平淡且翼下覆羽无赤褐色横斑。虹膜浅褐色；嘴灰色；脚黄色。
习性　喜开阔原野、草地及农耕地。
环境　海拔 3800 ~ 4000 米的亚高山灌丛带。

03
——
欧亚鵟
Buteo buteo

鹰形目　Accipitriformes
鹰科　Accipitridae

特征　体长约 55 厘米。上体深红褐色；脸侧皮黄具近红色细纹，栗色的髭纹显著；下体偏白上具棕色纵纹，两胁及大腿沾棕色。飞行时两翼宽而圆，初级飞羽基部具特征性白色块斑。尾近端处常具黑色横纹。虹膜黄色至褐色；嘴灰色，端黑，蜡膜黄色；脚黄色。
习性　喜开阔原野且在空中热气流上高高翱翔，在裸露树枝上歇息。飞行时常停在空中振羽。
环境　海拔 2600 ~ 2800 米的温性针阔混交林带，海拔 2800 ~ 3100 米的硬叶常绿阔叶林带（阳坡），海拔 2800 ~ 3100 米的暖性针叶林带（阴坡）。

04
——
金雕
Aquila chrysaetos

鹰形目　Accipitriformes
鹰科　Accipitridae

特征　体长约 85 厘米。头具金色羽冠，嘴巨大。尾长而圆，两翼呈浅 "V" 形。亚成鸟翼具白色斑纹，尾基部白色。虹膜褐色；嘴灰色；脚黄色。
习性　栖于崎岖干旱平原、岩崖山区及开阔原野，捕食雉类、旱獭及其他哺乳动物。随暖气流作高空翱翔。
环境　海拔 2000 ~ 2600 米的亚热带干暖河谷。

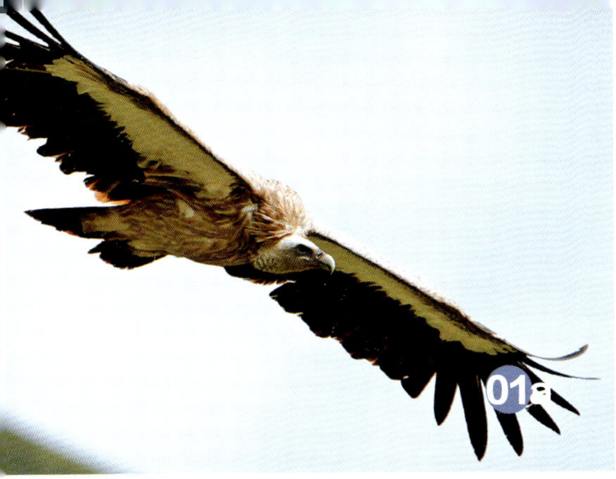
01a

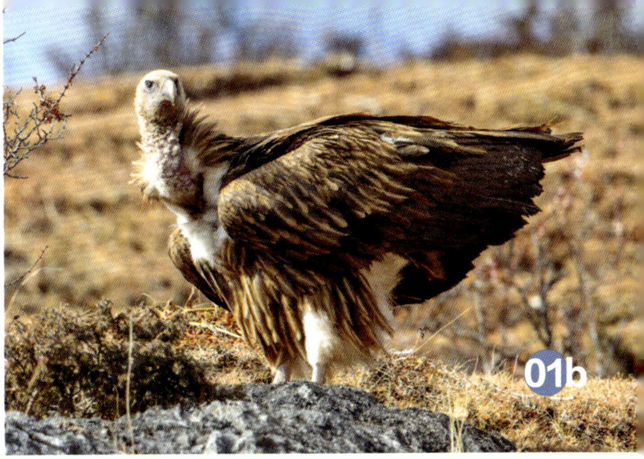
01b

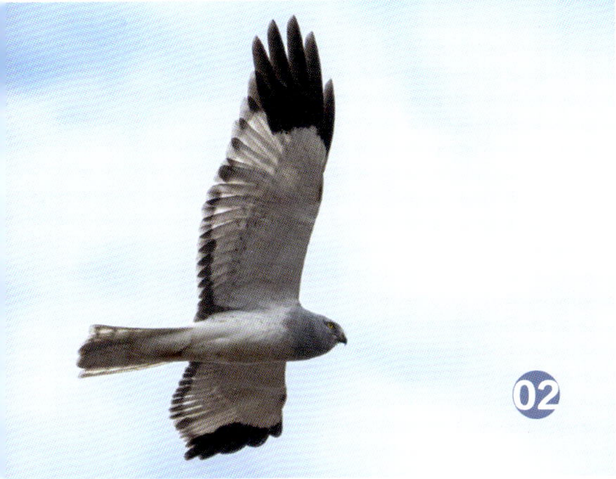
02

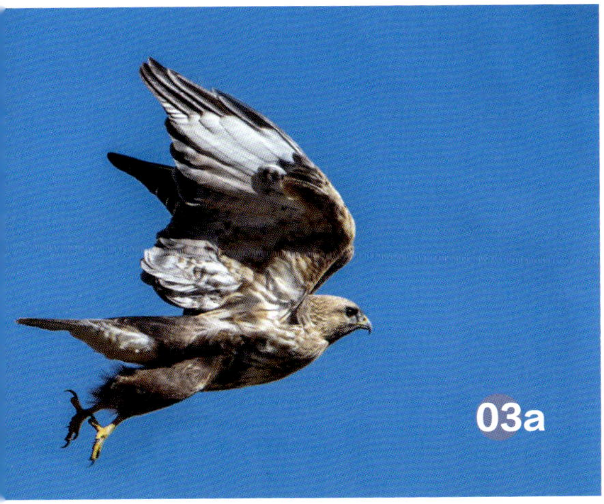
03a

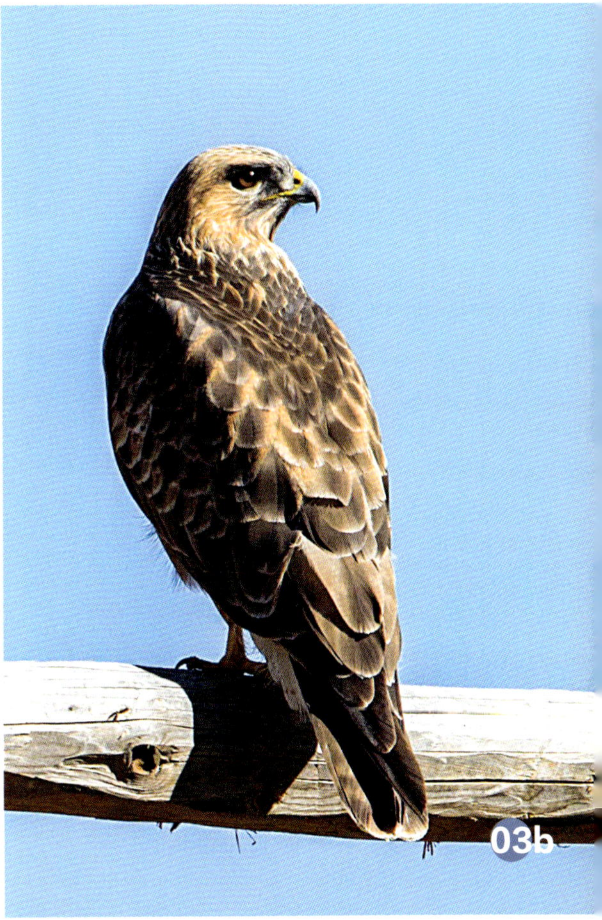
03b

04a

04b

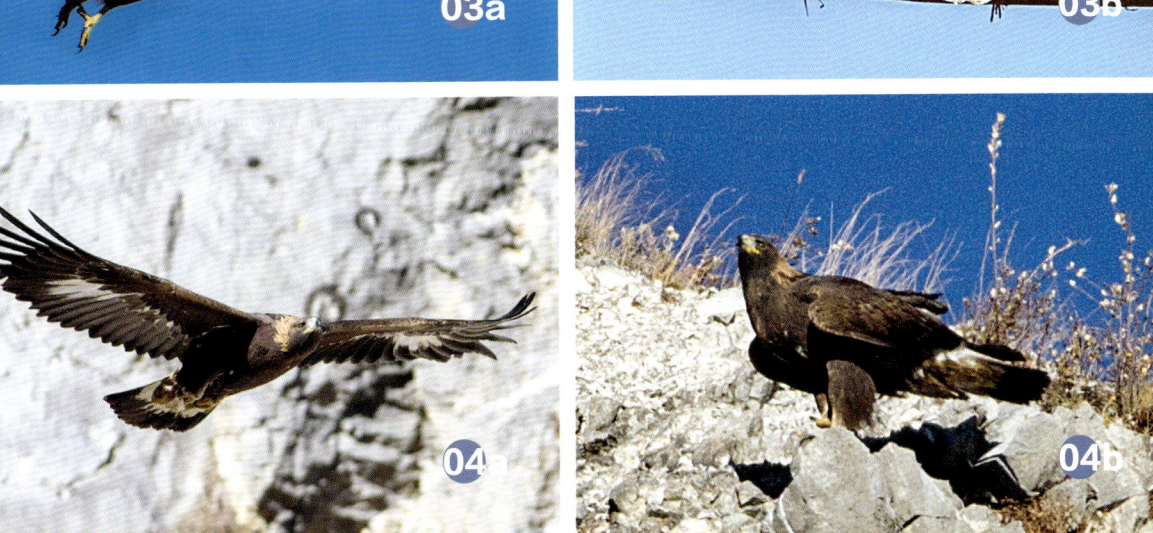

01

—

白肩雕
Aquila heliaca

鹰形目　Accipitriformes
鹰科　Accipitridae

特征　全身黑褐色，背部具有光泽，肩有白羽。头、颈为褐色，缀以黑斑。尾灰褐色，具有不规则的黑色横斑。飞行时翼上有狭窄的白色后缘，尾、飞羽均色深，仅初级飞羽楔形尖端色浅。下背及腰具大片乳白色斑。飞行时从上边看覆羽有两道浅色横纹。白肩雕亚成鸟羽轴明显，而成鸟不明显。

习性　主要以啮齿类及鸽、鸭等鸟类为食，有时也食动物尸体和捕食家禽。夏季常栖息于混交林和阔叶林，冬季也常到低山丘陵、森林平原、小块丛林和林缘地带，有时见于荒漠、草原、沼泽及河谷地带。

环境　栖息于山地森林、草原、丘陵、河流的砂岸等地。

02

—

黑鸢
Milvus migrans

鹰形目　Accipitriformes
鹰科　Accipitridae

特征　体长约 55 厘米。浅叉型尾为本种识别特征，飞行时尾张开可成平尾。飞行时初级飞羽基部浅色斑与近黑色的翼尖成对照。头有时比背色浅。

习性　常单独在高空飞翔，秋季有时亦成 2 ~ 3 只的小群。飞行快速而有力，也能借助气流在空中长时间盘旋。捕食迅速而凶猛。营巢于高大乔木或悬崖峭壁上。

环境　栖息于开阔草原、山丘陵地带、城郊田野及湿地周边。

03

—

秃鹫
Aegypius monachus

鹰形目　Accipitriformes
鹰科　Accipitridae

特征　体长约 100 厘米。具松软翎颌，颈部灰色。两翼长而宽，具平行的翼缘，后缘明显内凹，翼尖的 7 枚飞羽散开呈深叉形。尾短呈楔形，头及嘴甚强劲有力。

习性　需助跑起飞，常随热气流在天空翱翔。休息时常站立于山崖上，习惯缩起脖子。

环境　栖息于低山丘陵和高山荒原与森林中的荒岩草地、山谷溪流和林缘地带。

01

喜山鵟
Buteo burmanicus

鹰形目　Accipitriformes
鹰科　Accipitridae

特征　属中型猛禽。体长 45～53 厘米。整体棕色，胸部有斑点图案，腿上部和肘部有深色覆羽。上体主要为暗褐色，下体主要为暗褐色或淡褐色，具深棕色横斑或纵纹，尾淡灰褐色，具多道暗色横斑。飞翔时两翼宽阔，初级飞羽基部有明显的白斑，翼下白色，仅翼尖、翼角和飞羽外缘黑色（淡色型）或全为黑褐色（暗色型），尾散开呈扇形。翱翔时两翅微向上举成浅 "V" 字形。

习性　常单独或成对活动。主要在白天活动和觅食。休息时常站在树上、草垛、电线杆上。觅食时常在空中盘旋或悬停。

环境　栖息于山地森林、山脚平原与草原地区，亦见于高山林缘、开阔的山地草原与荒漠地带，冬季常至旷野、农田、荒地、村庄等地活动，可见于海拔 4000 米以上的高原地区。

02

棕尾鵟
Buteo rufinus

鹰形目　Accipitriformes
鹰科　Accipitridae

特征　体长约 64 厘米。翼及尾长，头和胸色浅，靠近腹部变成深色，但有几种色型，从米黄色、棕色至极深色。近黑色型的飞羽及尾羽具深色横斑。尾上一般呈浅锈色至橘黄色，无横斑。飞行似普通鵟，棕色型翼下翼角处具黑色大块斑。

习性　单独或成群活动在开阔、多石而又干燥的不毛之地，喜趋火光。常站立在地上、岩石上、电线杆上、树上等高处。主要以野兔、啮齿动物、蛙、蜥蜴等为食。也可像家鸡一样在地面上行走，寻找甲虫等来充饥。

环境　栖息于荒漠、半荒漠、草原、无树的平原和山地平原，垂直分布的高度可达海拔 2000～4000 米的高原地区。

03

黑翅鸢
Elanus caeruleus

鹰形目　Accipitriformes
鹰科　Accipitridae

特征　体长约 30 厘米。特征为黑色的肩部斑块及形长的初级飞羽。成鸟头顶、背、翼覆羽及尾基部灰色，脸、颈及下体白色。亚成鸟似成鸟但沾褐色。虹膜红色；嘴黑色，蜡膜黄色；脚黄色。唯一一种振羽停于空中寻找猎物的白色鹰类。

习性　集分散的小群生活，在食物充足的年份终年都可繁殖。全天都可活动，晨昏觅食较频繁，喜食鼠类。飞行敏捷灵巧，有特殊的鼓翼方式，觅食时会在空中悬停观察地面。停栖时尾常上下摆动。

环境　喜干燥地区的疏林草原、田野等矮草开阔地，常停栖于田野中孤立的树或电线上。

01

02

03

01
—
红隼
Falco tinnunculus

隼形目　Falconiformes
隼科　Falconidae

特征　体长约 33 厘米的赤褐色隼。雄鸟头顶及颈背灰色，尾蓝灰色无横斑，上体赤褐色略具黑色横斑，下体皮黄色而具黑色纵纹。雌鸟体形略大：上体全褐色，比雄鸟少赤褐色而多粗横斑。亚成鸟，似雌鸟，但纵纹较重。虹膜褐色；嘴灰色而端黑，蜡膜黄色；脚黄色。

习性　捕食时在空中盘旋或悬停。猛扑猎物，常从地面捕捉猎物。停栖在柱子或枯树上。喜开阔原野。

环境　海拔 2000 ~ 2600 米的亚热带干暖河谷。

02
—
牛背鹭
Bubulcus coromandus

鹈形目　Pelecaniformes
鹭科　Ardeidae

特征　体长约 50 厘米。体白色，头、颈、胸沾橙黄色；虹膜、嘴、腿及眼先短期呈亮红色，余时橙黄色。与其他鹭的区别在体形较粗壮，颈较短而头圆，嘴较短厚。虹膜黄色；嘴黄色；脚暗黄色至近黑色。

习性　与家畜及水牛关系密切，捕食家畜及水牛从草地上引来或惊起的蝇、虻等昆虫。傍晚小群列队低飞过有水地区回到群栖地点。

环境　海拔 2000 ~ 2600 米的亚热带干暖河谷。

03
—
黑鹳
Ciconia nigra

鹳形目　Ciconiiformes
鹳科　Ciconiidae

特征　体长约 100 厘米。下胸、腹部及尾下白色，嘴及腿红色。羽毛黑色部位具绿色和紫色的光泽。飞行时翼下黑色，仅三级飞羽及次级飞羽内侧白色。眼周裸露皮肤红色。亚成鸟上体褐色，下体白色。虹膜褐色；嘴红色；脚红色。

习性　栖于沼泽地区、池塘、湖泊、河流沿岸及河口。性惧人。冬季有时结小群活动。

环境　海拔 4000 米以上的高山复合体带。

04
—
灰背伯劳
Lanius tephronotus

雀形目　Passeriformes
伯劳科　Laniidae

特征　体长约 25 厘米。上体深灰色，仅腰及尾上覆羽具狭窄的棕色带。初级飞羽的白色斑块小或无。虹膜褐色；嘴绿色；脚绿色。

习性　常单独活动，领域性较强。捕猎时常站在开阔地的高枝、电线等高处观察。肉食性，食性较广。甚不惧人。

环境　海拔 2600 ~ 2800 米的温性针阔混交林带，海拔 2800 ~ 3100 米的硬叶常绿阔叶林带（阳坡），海拔 2800 ~ 3100 米的暖性针叶林带（阴坡）。

01a

01b

02

03

04

01
——

短嘴山椒鸟
Pericrocotus brevirostris

雀形目　Passeriformes
山椒鸟科　Campephagidae

特征　中等体形的黑色山椒鸟，体长约 19 厘米。具红色（雄鸟）或黄色（雌鸟）斑纹。虹膜褐色；嘴黑色；脚黑色。鸣声如响亮而甜润的单音节笛音，快速复杂。
习性　繁殖期成对活动，非繁殖期集群活动。在树冠层觅食，活跃而善鸣。
环境　活动于低山丘陵地带和山地森林，常至林缘觅食。能适应不同海拔，通常活动于海拔 500 ~ 3300 米，冬季在低海拔游荡。

02
——

黑卷尾
Dicrurus macrocercus

雀形目　Passeriformes
卷尾科　Dicruridae

特征　中等体形的蓝黑色而具辉光的卷尾，体长约 30 厘米。嘴小，嘴角具白点。尾长而叉深，在风中常上举成一奇特角度。亚成鸟，下体下部具近白色横纹。幼鸟上体与成鸟相似，次级飞羽的先端缘以淡色，翼缘杂以白斑。
习性　常站立于枝头或电线上，起飞捕食昆虫，可以在空中滑翔。性情凶猛，会攻击猛禽。
环境　栖息于平原或低海拔开阔的农田、林缘地带。

03
——

达乌里寒鸦
Coloeus dauuricus

雀形目　Passeriformes
鸦科　Corvidae

特征　体长约 32 厘米。白色斑纹延至胸下。与白颈鸦的区别在于体形较小且嘴细，胸部白色部分较大。与寒鸦成体的区别在于眼深色，与寒鸦幼体的区别在于耳羽具银白细纹。幼鸟色彩反差小，第一龄冬羽与成鸟有较大差异，成鸟身体上当为污白色的区域，在第一龄冬羽中皆为近黑色的深灰色。
习性　群居性，繁殖期也可集群，在北方冬季可集大群，最多有上万只的记录。在地面或垃圾堆中翻找食物。在树冠层或者崖壁缝隙中筑巢繁殖。
环境　活动于稀疏的林地及开阔的乡村，常在农田觅食。

04
——

松鸦
Garrulus glandarius

雀形目　Passeriformes
鸦科　Corvidae

特征　体长约 35 厘米。特征为翼上具黑色及蓝色镶嵌图案，腰白色。髭纹黑色，两翼黑色具白色块斑。飞行时两翼显得宽圆。飞行沉重，振翼无规律。虹膜浅褐色；嘴灰色；脚肉棕色。
习性　性喧闹，喜落叶林地及森林。以果实、鸟卵、动物尸体及橡树子为食。会主动围攻猛禽。
环境　海拔 2800 ~ 3100 米的硬叶常绿阔叶林带（阳坡），海拔 2800 ~ 3100 米的暖性针叶林带（阴坡）。

01

——

红嘴蓝鹊
Urocissa erythroryncha

雀形目　Passeriformes
鸦科　Corvidae

特征　体长 42 ~ 60 厘米且具长尾的亮丽蓝鹊。头黑色而顶冠白色。腹部及臀白色，尾楔形，外侧尾羽黑色而顶端白色。虹膜红色；嘴红色；脚红色。

习性　性喧闹，结小群活动。以果实、小型鸟类及卵、昆虫和动物尸体为食，常在地面取食。主动围攻猛禽。

环境　海拔 2800 ~ 3100 米的硬叶常绿阔叶林带（阳坡）。

02

——

欧亚喜鹊
Pica pica

雀形目　Passeriformes
鸦科　Corvidae

特征　体长约 45 厘米。具黑色的长尾，两翼及尾黑色并具蓝色辉光。虹膜褐色；嘴黑色；脚黑色。

习性　适应性强，多从地面取食，食性极为广泛。结小群活动。巢拱圆形，搭建较随意。

环境　海拔 2000 ~ 2600 米的亚热带干暖河谷。

03

——

星鸦
Nucifraga caryocatactes

雀形目　Passeriformes
鸦科　Corvidae

特征　体长约 33 厘米，体羽大都深褐色，密布白色点斑。臀及尾角白色，形短的尾与强直的嘴使之看上去较为强壮。虹膜深褐色；嘴黑色；脚黑色。

习性　单独或成对活动，偶成小群。栖于松林，以松子为食。也埋藏其他坚果以备冬季食用。飞行起伏而有节律。

环境　海拔 2800 ~ 3100 米的硬叶常绿阔叶林带（阳坡）及暖性针叶林带（阴坡）。

04

——

红嘴山鸦
Pyrrhocorax pyrrhocorax

雀形目　Passeriformes
鸦科　Corvidae

特征　体长 36 ~ 40 厘米。鲜红色的嘴短而下弯，脚红色。亚成鸟似成鸟，但嘴较黑。虹膜偏红色；嘴红色；脚红色。

习性　飞行甚敏捷，在热气流上滑翔。结小群至大群活动，生活于建筑物及农场周围。

环境　海拔 4000 米以上的高山复合体带。

01

02

03

04

01
—

大嘴乌鸦
Corvus macrorhynchos

雀形目　Passeriformes
鸦科　Corvidae

特征　体长约 50 厘米。嘴甚粗厚。比渡鸦体小而尾较平。与小嘴乌鸦的区别在于嘴粗厚而尾圆，头顶更显拱圆形。虹膜褐色；嘴黑色；脚黑色。
习性　成对生活，喜栖于村庄周围。
环境　海拔 2600 ~ 2800 米的温性针阔混交林带，海拔 2800 ~ 3100 米的硬叶常绿阔叶林带（阳坡），海拔 2800 ~ 3100 米的暖性针叶林带（阴坡）。

02
—

黄腹扇尾鹟
Chelidorhynx hypoxanthus

雀形目　Passeriformes
玉鹟科　Stenostiridae

特征　体长约 12 厘米。额、眉纹及下体黄色，眼罩宽，雄鸟黑色，雌鸟深绿色。扇形的尾甚长，尾端白色。虹膜褐色；嘴黑色；脚黑色。
习性　性活泼多动，扇形尾不停张开或上翘。
环境　海拔 2600 ~ 2800 米的温性针阔混交林带。

03
—

白喉扇尾鹟
Rhipidura albicollis

雀形目　Passeriformes
扇尾鹟科　Rhipiduridae

特征　体长约 19 厘米。几乎全身深灰色（野外看似黑色），颏、喉、眉纹及尾端白色。虹膜褐色；嘴及脚黑色。
习性　常混迹于混合鸟群，栖于竹林密丛。
环境　海拔 2600 ~ 2800 米的温性针阔混交林带。

04
—

宝兴鹛雀
Moupinia poecilotis

雀形目　Passeriformes
莺鹛科　Sylviidae

特征　体长约 15 厘米。栗褐色尾略长而凸。上体棕褐色，眉纹近灰且后端成深色，髭纹黑白色。喉白色，胸中心皮黄色；两胁及臀黄褐色，翼及尾栗色。虹膜褐色；嘴褐色；脚浅褐色。
习性　多单独或成对活动于林下，较少加入混合鸟浪。
环境　出没于中高海拔的阔叶林、针阔叶混交林、针叶林和高山灌丛的林缘中下层。中国西南部横断山脉特有种。

01

02a

02b

03

04

01

中华雀鹛（高山雀鹛）
Fulvetta striaticollis

雀形目　Passeriformes
莺鹛科　Sylviidae

特征　体长约 12 厘米。眼白色，喉近白色而具褐色纵纹。上体灰褐色，头顶及上背略具深色纵纹；下体浅灰色；眼先略黑，脸颊浅褐色。两翼棕褐色，初级飞羽羽缘白色成浅色翼纹。虹膜近白色；嘴角质褐色；脚褐色。

习性　结小群栖于多荆棘栎树林及森林，冬季下迁。主要以植物种子和昆虫为食。

环境　栖息在海拔 2800 ~ 4100 米的树林、灌丛中。

02

白眉雀鹛
Fulvetta vinipectus

雀形目　Passeriformes
莺鹛科　Sylviidae

特征　体长约 12 厘米。具特征性的白色宽眉纹和黑色侧冠纹，头顶及颈背灰褐色，头近黑色，喉及上胸近白色而带黑色或棕色纵纹。初级飞羽羽缘银灰色构成翼上的浅色斑纹。虹膜偏白色；嘴浅灰色；脚近灰色。

习性　性活泼，多集小群窜行于森林中下层和灌丛，也与其他小型鸟类混群。

环境　海拔 2600 ~ 2800 米的温性针阔混交林带，海拔 2800 ~ 3100 米的硬叶常绿阔叶林带（阳坡），海拔 2800 ~ 3100 米的暖性针叶林带（阴坡）。

03

河乌
Cinclus cinclus

雀形目　Passeriformes
河乌科　Cinclidae

特征　体长约 20 厘米。特征为颏及喉至上胸具白色的大斑块。下背及腰偏灰海拔。幼鸟灰色较重，下体较白。虹膜红褐色；嘴近黑色；脚褐色。

习性　栖于森林及开阔区域清澈湍急的山间溪流河谷。身体常上下点动，作振翅炫耀。善游泳及潜水，头从水中冒起如瓶塞。

环境　海拔 3100 ~ 3800 米的寒温性针叶林带。

04

褐河乌
Cinclus pallasii

雀形目　Passeriformes
河乌科　Cinclidae

特征　体长约 21 厘米。体无白色或浅色胸围。有时眼上的白色小块斑明显。虹膜褐色；嘴深褐色；脚深褐色。

习性　成对活动于高海拔的繁殖地，略有季节性垂直迁移。常栖于巨大砾石，头常点动，翘尾并偶尔抽动。可在水面游泳然后潜入水中。

环境　海拔 2600 ~ 2800 米的温性针阔混交林带。

01

02a

02b

03

04

01

小虎斑地鸫
Zoothera dauma

雀形目　Passeriformes
鸫科　Turdidae

特征　体长约 28 厘米，并具粗大的褐色鳞状斑纹。上体褐色，下体白色，黑色及金皮黄色的羽缘使其通体满布鳞状斑纹。虹膜褐色；嘴深褐色；脚粉色。
习性　栖居茂密森林，于森林地面取食。
环境　海拔 2600 ~ 2800 米的温性针阔混交林带。

02

欧亚乌鸫
Turdus merula

雀形目　Passeriformes
鸫科　Turdidae

特征　体长约 29 厘米。雄鸟全黑色，嘴橘黄色，眼圈略浅色，脚黑色。雌鸟上体黑褐色，下体深褐，嘴暗绿黄色至黑色。虹膜褐色；雄鸟嘴黄色，雌鸟黑色；脚褐色。
习性　于地面取食，静静地在树叶中翻找无脊椎动物、蠕虫，冬季也吃果实及浆果。
环境　海拔 2600 ~ 2800 米的温性针阔混交林带。

03

灰头鸫
Turdus rubrocanus

雀形目　Passeriformes
鸫科　Turdidae

特征　体长约 25 厘米。体羽色彩图纹特别，头及颈灰色，两翼及尾黑色，身体多栗色。虹膜褐色；嘴黄色；脚黄色。
习性　一般单独或成对活动，但冬季结小群。常于地面取食。甚惧生。
环境　海拔 2800 ~ 3100 米的硬叶常绿阔叶林带（阳坡），海拔 2800 ~ 3100 米的暖性针叶林带（阴坡），海拔 3100 ~ 3800 米的寒温性针叶林带。

04

棕背黑头鸫
Turdus Kessler

雀形目　Passeriformes
鸫科　Turdidae

特征　体长约 28 厘米。头、颈、喉、胸、翼及尾黑色，体羽其余部位栗色，上背皮黄白色且延伸至胸带。雌鸟比雄鸟色浅，喉近白而具细纹。虹膜褐色；嘴黄色；脚褐色。
习性　冬季成群，在田野取食。于地面上低飞，短暂的振翼后滑翔。喜吃桧树浆果。
环境　海拔 3800 ~ 4000 米的亚高山灌丛带。

01a

01b

02

04a 雄

03a

04b 雌

03b

01

—

赤颈鸫
Turdus ruficollis

雀形目　Passeriformes
鸫科　Turdidae

特征　体长约 24 厘米。腹部及臀白色（不一定是纯白色），上体、翼及尾全褐色。雄鸟头及喉近灰色，上体灰褐色，眉纹、颈侧、喉及胸红褐色（北方亚种无眉纹，且喉与胸为黑色）雌鸟似雄鸟，但头褐色，喉偏白色，栗红色部分较浅且喉部具黑色纵纹。似白眉鸫但无白色眉纹。虹膜褐色；嘴黄色，尖端黑色；脚近褐色。

习性　典型的鸫类习性，但更为大胆，喜停栖于树木中上部。冬季常集群或与黑颈鸫、红尾鸫等其他鸫类混群，有时也与燕雀等较小的鸟类混群。在地面觅食，也喜爱取食柏树种子。

环境　繁殖于开阔针叶林中，迁徙、越冬时出现于开阔的环境中，包括农田、公园、林缘等。

02

—

斑鸫
Turdus eunomus

雀形目　Passeriformes
鸫科　Turdidae

特征　中型鸟类，体长 19 ~ 24 厘米。具浅棕色的翼线和棕色的宽阔翼斑。雄鸟耳羽及胸上横纹黑色，与白色的喉、眉纹及臀成对比，下腹部黑色且具白色鳞状斑纹。雌鸟褐色及皮黄色较暗淡，斑纹同雄鸟，下胸黑色点斑较小。

习性　迁徙及越冬时常集小群至大群活动，并会与其他转类混群。在地面觅食，走路与蹦跳相结合，也会在柏树等植物上取食种子。较其他鸫类更为胆大。

环境　繁殖于开阔林地，越冬于开阔的林地、农田边缘、城市绿地等。

03

—

蓝矶鸫
Monticola solitarius

雀形目　Passeriformes
鹟科　Muscicapidae

特征　体长约 23 厘米。雄鸟暗蓝灰色，具淡黑及近白色的鳞状斑纹。雌鸟上体灰色沾蓝色，下体皮黄色而密布黑色鳞状斑纹。亚成鸟似雌鸟但上体具黑白色鳞状斑纹。虹膜褐色；嘴黑色；脚黑色。

习性　常栖于突出位置，如岩石、房屋柱子及枯树，冲向地面捕捉昆虫。

环境　海拔 2000 ~ 2600 米的亚热带干暖河谷。

04

—

紫啸鸫
Myophonus caeruleus

雀形目　Passeriformes
鹟科　Muscicapidae

特征　体长约 32 厘米。通体蓝黑色，仅翼覆羽具少量的浅色点斑。翼及尾沾紫色丝辉，头及颈部的羽尖具闪光小羽片。虹膜褐色；嘴黄色或黑色；脚黑色。

习性　栖于临河流、溪流或密林中的多岩石露出处。地面取食，受惊时逃至密林并发出尖厉的警叫声。

环境　海拔 2600 ~ 2800 米的温性针阔混交林带。

01

02

03

04a

04b

04c

01
—

棕尾褐鹟
Muscicapa ferruginea

雀形目　Passeriformes
鹟科　Muscicapidae

特征　体长约 13 厘米。眼圈皮黄色，喉块白色，头石板灰色，背褐色，腰棕色，下体白色，胸具褐色横斑，两胁及尾下覆羽棕色。通常具白色的半颈环。三级飞羽及大覆羽羽缘棕色。虹膜褐色；嘴黑色；脚灰色。

习性　性惧生，喜林间空地及溪流两侧。

环境　海拔 2600 ～ 2800 米的温性针阔混交林带。

02
—

锈胸蓝姬鹟
Ficedula erithacus

雀形目　Passeriformes
鹟科　Muscicapidae

特征　体长约 13 厘米。胸橘黄色，上体无虹闪，外侧尾羽基部白色，胸橙褐色渐变为腹部的皮黄白色。背部色彩较暗淡，尾基部白色，两翼较长而嘴短，缺少眉纹和翼斑。虹膜褐色；嘴黑色；脚深褐色。

习性　安静的林栖型。

环境　海拔 2600 ～ 2800 米的温性针阔混交林带。

03
—

橙胸姬鹟
Ficedula strophiata

雀形目　Passeriformes
鹟科　Muscicapidae

特征　体长约 14 厘米。尾黑而基部白，上体多灰褐，翼橄榄色，下体灰色。成年雄鸟额上有狭窄白色并具小的深红色项纹（常不明显）。雌鸟似雄鸟，但项纹小而色浅。虹膜褐色；嘴黑色；脚褐色。

习性　性惧生，栖于密闭森林的地面和较低灌丛。

环境　海拔 2600 ～ 2800 米的温性针阔混交林带。

04
—

灰蓝姬鹟
Ficedula tricolor

雀形目　Passeriformes
鹟科　Muscicapidae

特征　体长约 13 厘米。下体近白色，尾黑色，外侧基部白色，头侧及喉深灰色并延至胸侧。雄鸟喉部具三角形橄榄色块斑。虹膜褐色；嘴黑色；脚黑色。

习性　多栖于林下灌丛，冬季栖于针叶林。两翼下悬，尾不停抽动。

环境　海拔 2600 ～ 2800 米的温性针阔混交林带。

01

白腹蓝鹟
Cyanoptila cyanomelana

雀形目　Passeriformes
鹟科　Muscicapidae

特征　雄鸟体长约 17 厘米，特征为脸、喉及上胸近黑色，上体闪光钴蓝色，下胸、腹及尾下的覆羽白色，外侧尾羽基部白色，深色的胸与白色腹部截然分开。雌鸟比雄鸟略小，上体灰褐色，两翼及尾褐色，喉中心及腹部白色。

习性　喜有原始林及次生林的多林地带，在高林层取食。

环境　海拔 2600 ～ 2800 米的温性针阔混交林带。

02

铜蓝鹟
Eumyias thalassinus

雀形目　Passeriformes
鹟科　Muscicapidae

特征　体长约 17 厘米。雄鸟眼先黑色。雌鸟色暗，眼先暗黑色。雄雌两性尾下覆羽均具偏白色鳞状斑纹。亚成鸟灰褐色沾绿色，具皮黄色及近黑色的鳞状纹及点斑。虹膜褐色；嘴黑色；脚近黑。

习性　喜开阔森林或林缘空地，由裸露栖处捕食过往昆虫。

环境　海拔 2600 ～ 2800 米的温性针阔混交林带。

03

白须黑胸歌鸲
Calliope tschebaiewi

雀形目　Passeriformes
鹟科　Muscicapidae

特征　体长 13 ～ 16 厘米。上体石板灰褐色或橄榄褐色，头和颈侧黑色，眉纹和颧纹白色，在暗色的头部极为醒目。两翅和尾黑褐色，外侧尾羽具白色端斑。雄鸟下体颏、喉深红色，雌鸟白色。胸黑色，腹白色。

习性　常单独或成对活动。性羞怯，多隐藏在灌丛下活动。善于在地面奔走，奔走停下时，常将尾翘至背上并稍呈扇形散开。求偶期雄鸟常在灌丛顶端或岩石上鸣唱。

环境　海拔 3000 ～ 4500 米的高山灌丛草甸，有时亦至亚高山针叶林、竹林活动，冬季有时下至山脚地带。

04

黑喉石䳭
Saxicola maurus

雀形目　Passeriformes
鹟科　Muscicapidae

特征　体长约 14 厘米。雄鸟头部及飞羽黑色，背深褐色，颈及翼上具粗大的白斑，腰白色，胸棕色。雌鸟色较暗而无黑色，下体皮黄色，仅翼上具白斑。

习性　常单独或成对活动。喜在开阔地区的灌丛、草地活动，常静立于灌丛顶端。发现昆虫后飞至空中或地面捕食，然后飞回原处。

环境　常栖息于低山、丘陵、平原、沼泽、旷野等地，尤好平原、旷野的灌丛环境，有时可至海拔 4000 米以上的高原地区活动。

01
—

蓝眉林鸲
Tarsiger rufilatus

雀形目　Passeriformes
鹟科　Muscicapidae

特征　体长约 14 厘米。成年雄鸟的头部至上背深蓝色，眉纹亮蓝色（有时也会显白）且从眼先延伸至耳部，有些个体眉纹在眼先模糊显得左右连接，眼圈深色，喉纯白色，胸腹白色带灰色，与喉部对比明显，深蓝色从两颊延至胸侧，两胁橙黄色，翅膀不沾褐色而尖端发黑，无翼斑，小覆羽、腰部和尾亮海蓝色，尾端色深，在形态上与红胁蓝尾鸲雄鸟有明显区别。

习性　长期栖于湿润山地森林及次生林的林下低处，单独或成对活动。作短距离的垂直迁徙。

环境　繁殖期常在海拔 1500 米以上的山地常绿阔叶林、针阔叶混交林和林缘灌丛地带活动，迁徙及越冬时下至低山丘陵、山脚平原的次生林、疏林灌丛、小路旁活动。

02
—

栗腹矶鸫
Monticola rufiventris

雀形目　Passeriformes
鹟科　Muscicapidae

特征　体长 20 ~ 25 厘米。雄鸟上体呈辉亮的钴蓝色，两翅黑褐色，喉蓝黑色，其余下体栗红色。雌鸟上体橄榄褐色，背具黑色鳞状斑，下体棕白色密杂以黑褐色横纹，黑白相衬，极为醒目。繁殖期雄鸟脸具黑色脸斑。上体蓝，尾、喉及下体余部鲜艳栗色。雌鸟褐色，上体具近黑色的扇贝形斑纹，下体满布深褐及皮黄色扇贝形斑纹。

习性　直立而栖，尾缓慢地上下弹动。有时面对树枝，尾上举。通常在地面觅食，也会站在枯树顶端通过飞行捕捉猎物。

环境　繁殖于海拔 1200 ~ 2500 米开阔潮湿的原始森林、石砾林、峭壁上的杜鹃花丛、巨石、河床、林缘灌丛等环境。

03
—

鹊鸲
Copsychus saularis

雀形目　Passeriformes
鹟科　Muscicapidae

特征　体长约 20 厘米。外形像喜鹊，但比喜鹊小很多（喜鹊体长约 40 厘米）。雄鸟头、胸及背闪辉蓝黑色，两翼及中央尾羽黑色，外侧尾羽及覆羽上的条纹白色，腹及臀亦白色。特征极为醒目。雌鸟似雄鸟，但暗灰色取代黑色。上体灰褐色，翅具白斑，下体前部亦为灰褐色，后部白色。亚成鸟似雌鸟但具杂斑。虹膜褐色；嘴及脚黑色。

习性　常单独或成对活动。性活泼、胆大，繁殖期常为争夺配偶而打斗。休息时常不时翘尾。

环境　常栖息于海拔 2000 米以下的林缘灌丛、竹林、次生林中，尤好有人居住的村落、灌丛、果园、公园地带。

01

02

03

01

—

红胁蓝尾鸲
Tarsiger cyanurus

雀形目　Passeriformes
鹟科　Muscicapidae

特征　体长约 15 厘米而喉白的鸲。橘黄色两胁与白色腹部及臀成对比明显。雄鸟上体蓝色，眉纹白色；亚成鸟及雌鸟褐色，尾蓝色。虹膜褐色；嘴黑色；脚灰色。

习性　长期栖于湿润山地森林及次生林的林下低处。

环境　海拔 2600 ~ 2800 米的温性针阔混交林带，海拔 2800 ~ 3100 米的硬叶常绿阔叶林带（阳坡），海拔 2800 ~ 3100 米的暖性针叶林带（阴坡）。

02

—

金色林鸲
Tarsiger chrysaeus

雀形目　Passeriformes
鹟科　Muscicapidae

特征　体长约 14 厘米。雄鸟头顶及上背橄榄褐色；眉纹黄色，宽黑色带由眼先过眼至脸颊；肩、背侧及腰艳丽橘黄色，翼橄榄褐色；尾橘黄色，中央尾羽及其余尾羽的羽端黑色；下体全橘黄色。雌鸟上体橄榄色，近黄色的眉纹模糊，眼圈皮黄色，下体赭黄色。

习性　作垂直迁移的候鸟，冬季多藏匿。

环境　海拔 3100 ~ 3800 米的寒温性针叶林带，海拔 3800 ~ 4000 米的亚高山灌丛带。

03

—

白喉红尾鸲
Phoenicurus schisticeps

雀形目　Passeriformes
鹟科　Muscicapidae

特征　体长约 15 厘米。特征为具白色喉块，外侧尾羽的棕色仅限于基半部。两翼多白色条纹，三级飞羽羽缘白色。虹膜褐色；嘴黑色；脚黑色。

习性　夏季单独或成对栖于亚高山针叶林的浓密灌丛，冬季下至村庄及低地。多喜飞行而性野。迁徙时成小群。

环境　海拔 2800 ~ 3100 米的暖性针叶林带（阴坡），海拔 3100 ~ 3800 米的寒温性针叶林带。

01

雄

02a

雌

02b

03a

03b

01

北红尾鸲
Phoenicurus auroreus

雀形目　Passeriformes
鹟科　Muscicapidae

特征　体长约 15 厘米。具明显而宽大的白色翼斑。雄鸟眼先、头侧、喉、上背及两翼褐黑色，仅翼斑白色；头顶及颈背灰色而具银色边缘；体羽余部栗褐色，中央尾羽深黑褐色。雌鸟全身褐色，白色翼斑显著，眼圈及尾皮黄色似雄鸟，但色较暗淡。

习性　夏季栖于亚高山森林、灌木丛及林间空地，冬季栖于低地落叶矮树丛及耕地。常立于突出的栖处，尾颤动不停。

环境　海拔 2000 ~ 2600 米的亚热带干暖河谷，海拔 2600 ~ 2800 米的温性针阔混交林带。

02

蓝额红尾鸲
Phoenicurus frontalis

雀形目　Passeriformes
鹟科　Muscicapidae

特征　体长约 16 厘米。雄雌两性的尾部均具特殊的"T"形黑色图纹（雌鸟褐色），系由中央尾羽端部及其他尾羽羽端的黑色部分，与尾上覆羽和外侧尾羽基部的棕黄色对比而成。雄鸟头、胸、颈背及上背深蓝色，额及形短的眉纹钴蓝色，无翼上白斑。雌鸟褐色，眼圈皮黄色，与红尾鸲雌鸟相似，区别在尾端深色。

习性　一般多单独活动，迁徙时结小群。从栖处猛扑昆虫。尾上下抽动而不颤动。甚不怯生。

环境　海拔 2800 ~ 3100 米的暖性针叶林带（阴坡），海拔 3100 ~ 3800 米的寒温性针叶林带，海拔 3800 ~ 4000 米的亚高山灌丛带。

03

白顶溪鸲
Phoenicurus leucocephalus

雀形目　Passeriformes
鹟科　Muscicapidae

特征　体长约 19 厘米。头顶及颈背白色，腰、尾基部及腹部栗色。雄雌同色。亚成鸟色暗而近褐色，头顶具黑色鳞状斑纹。虹膜褐色；嘴黑色；脚黑色。

习性　常立于水中或于近水的突出岩石上，降落时不停地点头且具黑色羽梢的尾不停抽动。求偶时作奇特的摆晃头部的炫耀。

环境　海拔 2600 ~ 2800 米的温性针阔混交林带，海拔 2800 ~ 3100 米的硬叶常绿阔叶林带（阳坡）。

01

—

红尾水鸲
Phoenicurus fuliginosus

雀形目　Passeriformes
鹟科　Muscicapidae

特征　体长约 14 厘米，雄雌异色。常栖于溪流旁。雄鸟腰、臀及尾栗褐色，其余部位深青石蓝色。雌鸟上体灰色，眼圈色浅；下体白色，灰色羽缘成鳞状斑纹，臀、腰及外侧尾羽基部白色；尾余部黑色；雄雌两性均具明显的不停弹尾动作。

习性　单独或成对。多见于多砾石的溪流及河流两旁，或停栖于水中砾石。尾常摆动。在岩石间快速移动。炫耀时停在空中振翼，尾扇开，作螺旋形飞回栖处。领域性强，但常与河乌、溪鸲或燕尾混群。

环境　海拔 2600 ~ 2800 米的温性针阔混交林带，海拔 2800 ~ 3100 米的硬叶常绿阔叶林带（阳坡）。

02

—

白腹短翅鸲
Luscinia phaenicuroides

雀形目　Passeriformes
鹟科　Muscicapidae

特征　体长约 18 厘米而尾长，似红尾鸲。外侧尾羽基部棕色；翼短，几不及尾基部。雄鸟头、胸及上体青石蓝色；腹白色，尾下覆羽黑色而端白；尾长，楔形；两翼灰黑色，初级飞羽的覆羽具两明显白色小点斑。虹膜褐色；嘴黑色；脚黑色。

习性　长栖于浓密灌丛或在近地面活动，不易被激起，仅在栖处鸣叫，尾立起并扇开时可见到。甚喜叫。

环境　海拔 2600 ~ 2800 米的温性针阔混交林带，海拔 2800 ~ 3100 米的硬叶常绿阔叶林带（阳坡）。

03

—

蓝大翅鸲
Grandala coelicolor

雀形目　Passeriformes
鹟科　Muscicapidae

特征　体长约 21 厘米而似鸫。雄鸟全身亮紫色而具丝光，仅眼先、翼及尾黑色；尾略分叉。雌鸟上体灰褐色，头至上背具皮黄色纵纹；下体灰褐色，喉及胸具皮黄色纵纹；飞行时两翼基部内侧区域的白色明显。虹膜褐色；嘴黑色；脚黑色。

习性　见于灌丛以上的高山草甸及裸岩山顶地带，喜雨浸的山脊及高处。栖于岩石，有时同性别的鸟结成小群至大群。冬季结群栖于树上。

环境　海拔 3800 ~ 4000 米的亚高山灌丛带，海拔 4000 米以上的高山复合体带。

01

03

02a

雄

02b

雄

01

—

栗臀䴓
Sitta nagaensis

雀形目　Passeriformes
䴓科　Sittidae

特征　体长约 13 厘米。下体浅皮黄色，喉、耳羽及胸沾灰色而与两胁的深砖红色成强烈对比。尾下覆羽深棕色，两侧各有一道明显的白色鳞状斑纹而成的条带。虹膜深褐色；嘴黑色，下颚基部灰色；脚呈不同程度的灰褐色。

习性　在树干上攀爬觅食。

环境　海拔 2600 ~ 2800 米的温性针阔混交林带，海拔 2800 ~ 3100 米的硬叶常绿阔叶林带（阳坡），海拔 2800 ~ 3100 米的暖性针叶林带（阴坡）。

02

—

红翅旋壁雀
Tichodroma muraria

雀形目　Passeriformes
䴓科　Sittidae

特征　体长约 16 厘米。尾短而嘴长，翼具醒目的绯红色斑纹。繁殖期雄鸟脸及喉黑色，雌鸟黑色较少。非繁殖期成鸟喉偏白色，头顶及脸颊沾褐色。飞羽黑色，外侧尾羽羽端白色显著，初级飞羽两排白色点斑飞行时成带状。虹膜深褐色；嘴黑色；脚棕黑。

习性　在岩崖峭壁上攀爬，两翼轻展显露红色翼斑。冬季下至较低海拔，甚至于建筑物上取食。

环境　海拔 2800 ~ 3100 米的硬叶常绿阔叶林带（阳坡），海拔 2800 ~ 3100 米的暖性针叶林带（阴坡），海拔 3100 ~ 3800 米的寒温性针叶林带。

03

—

高山旋木雀
Certhia himalayana

雀行目　Passeriformes
旋木雀科　Certhiidae

特征　体长约 14 厘米。以其腰或下体无棕色、尾多灰色、尾上具明显横斑而易与其他旋木雀相区分。喉白色，胸腹部烟黄色，嘴较其它旋木雀显长而下弯。虹膜褐色；嘴褐色，下颚色浅；脚近褐色。

习性　多单独或成对活动于有树林的生境，冬季常与其他小型鸟类混群。

环境　栖息在海拔 1000 ~ 3500 米的针叶林或针阔混交林，亦见于高山灌丛间，冬季可见于海拔 500 米左右的平原地区。

04

—

霍氏旋木雀
Certhia hodgson

雀形目　Passeriformes
旋木雀科　Certhiidae

特征　相比其他旋木雀，霍氏旋木雀的上体更偏棕色，臀部棕色。

习性　常单独或成对活动于山地森林，常与其他小型鸟类混群。

环境　活动于低至高海拔的阔叶林、混交林和针叶林，也见于公园和疏林。

01

—

灰椋鸟
Spodiopsar cineraceus

雀形目　Passeriformes
椋鸟科　Sturnidae

特征　体长约 24 厘米。头上部黑色而两侧白色，臀、外侧尾羽羽端及次级飞羽狭窄横纹白色。雌鸟色浅而暗。虹膜偏红色；嘴黄色，尖端黑色；脚暗橘黄色。

习性　集群活动，在地面行走觅食，会与其他鸟类混群。飞行时身体呈三角状。繁殖于树洞内，可以自行啄洞。

环境　活动于接近农田的开阔地区、矮草地、城市公园。

02

—

八哥
Acridotheres cristatellus

雀形目　Passeriformes
椋鸟科　Sturnidae

特征　体长约 26 厘米。通体黑色，冠羽突出，翅有大型白斑。在飞行过程中两翅中央有明显的白斑，从下方仰视，两块白斑呈"八"字形，这也是"八哥"名称的由来，两块白斑与黑色的体羽形成鲜明的对比也是八哥的一个重要辨识特征；尾羽端部白色。虹膜橘黄；嘴浅黄，嘴基红色；脚暗黄色。

习性　单配制，终年成对活动，即使冬季集大群，配对仍可维持。在地面行走觅食，用喙在草丛间探寻食物，从地面捡食或从植物上取食，也会飞行追捕昆虫。

环境　活动于开阔地带，适应城市和乡村、农田、公园、次生阔叶林、竹林和林缘疏林等多种生境，营巢于树洞、墙洞、电线杆、铁塔等处。

03

—

鹪鹩
Troglodytes troglodytes

雀形目　Passeriformes
鹪鹩科　Troglodytidae

特征　体长约 10 厘米，形似鹪鹩。尾上翘，嘴细。深黄褐色的体羽具狭窄黑色横斑及模糊的皮黄色眉纹为其特征。虹膜褐色；嘴褐色；脚褐色。

习性　尾不停地轻弹而上翘。在覆盖下悄然移动，突然跳出又轻捷跳开。飞行低，仅振翅作短距离飞行。冬季在缝隙内紧挤而群栖。

环境　海拔 3100 ~ 3800 米的寒温性针叶林带，海拔 3800 ~ 4000 米的亚高山灌丛带，海拔 4000 米以上的高山复合体带。

01

02

03

01

沼泽山雀
Poecile palustris

雀形目　Passeriformes
山雀科　Paridae

特征　体长 12 ～ 13 厘米的山雀。头顶及颏黑色，上体偏褐色或橄榄色，下体近白色，两胁皮黄色，无翼斑或项纹。无浅色翼纹而具闪辉黑色顶冠。虹膜深褐；嘴偏黑色；脚深灰色。

习性　一般单独或成对活动；有时加入混合群。喜栎树林及其他落叶林、密丛、树篱、河边林地及果园。

环境　海拔 2800 ～ 3100 米的硬叶常绿阔叶林带（阳坡），海拔 2800 ～ 3100 米的暖性针叶林带（阴坡）。

02

黑冠山雀
Periparus rubidiventris

雀形目　Passeriformes
山雀科　Paridae

特征　体长约 12 厘米。特征为冠羽及胸兜黑色，脸颊白色，上体灰色，无翼斑，下体灰色，臀棕色。虹膜褐色；嘴黑色；脚蓝灰色。

习性　成对或结小群，常加入混合鸟群。

环境　海拔 2800 ～ 3100 米的硬叶常绿阔叶林带（阳坡），海拔 2800 ～ 3100 米的暖性针叶林带（阴坡），海拔 3100 ～ 3800 米的寒温性针叶林带。

03

煤山雀
Parus ater

雀形目　Passeriformes
山雀科　Paridae

特征　体长约 11 厘米。头顶、颈侧、喉及上胸黑色。翼上的两道白色翼斑及颈背部的大块白斑使之有别于褐头山雀及沼泽山雀。背灰色或橄榄灰色，白色的腹部或有或无皮黄色。虹膜褐色；嘴黑色，边缘灰色；脚青灰色。

习性　针叶林中的耐寒山雀。储藏食物以备冬需，于冰雪覆盖的树枝下取食。

环境　海拔 2800 ～ 3100 米的硬叶常绿阔叶林带（阳坡），海拔 2800 ～ 3100 米的暖性针叶林带（阴坡），海拔 3100 ～ 3800 米的寒温性针叶林带。

04

褐冠山雀
Lophophanes dichrous

雀形目　Passeriformes
山雀科　Paridae

特征　体长约 12 厘米。冠羽显著，体羽无黑色或黄色，但具皮黄色与白色的半颈环。上体暗灰色。虹膜红褐色；嘴近黑色；脚蓝灰色。

习性　惧生而安静，成对或成小群活动。

环境　海拔 2800 ～ 3100 米的硬叶常绿阔叶林带（阳坡），海拔 2800 ～ 3100 米的暖性针叶林带（阴坡），海拔 3100 ～ 3800 米的寒温性针叶林带。

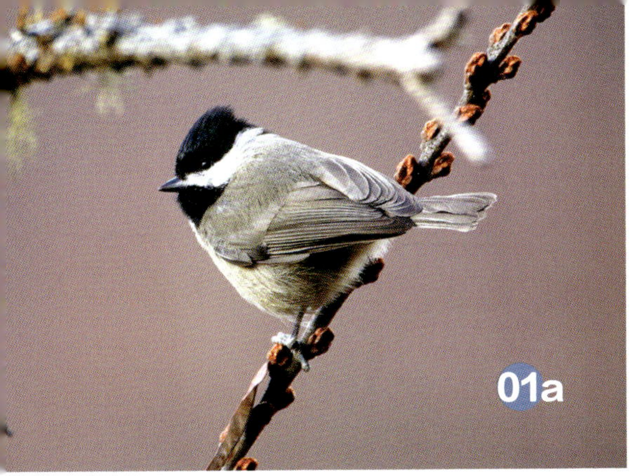
01a

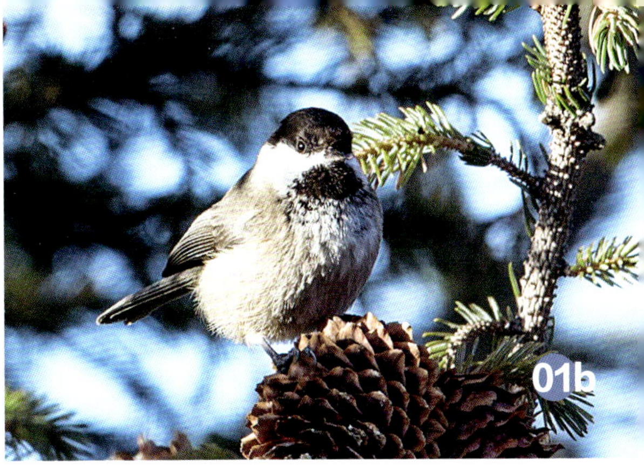
01b

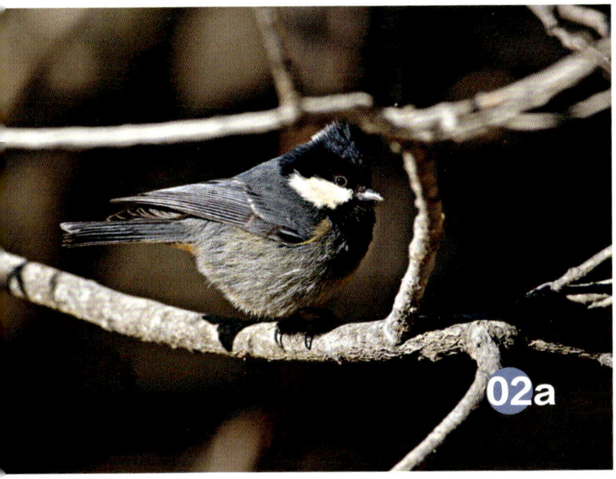
02a

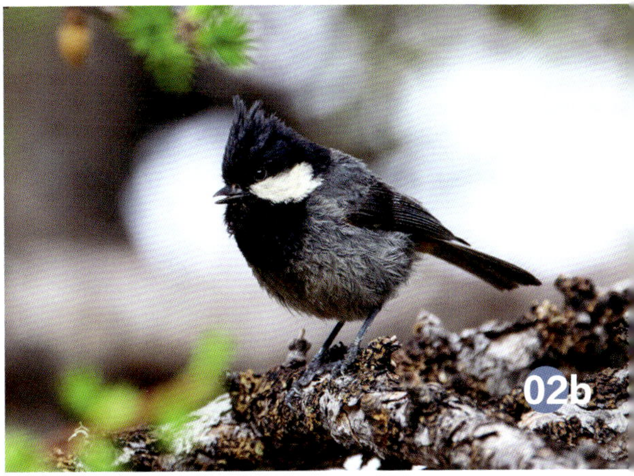
02b

03a

03b

04

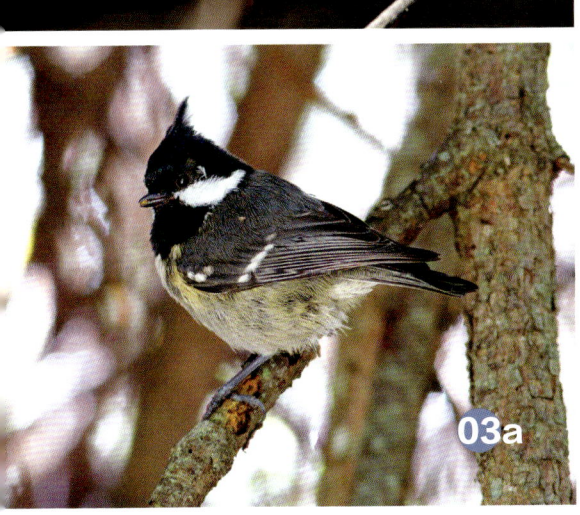

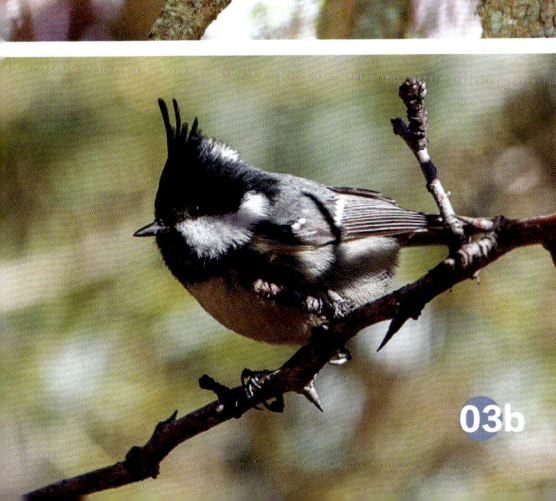

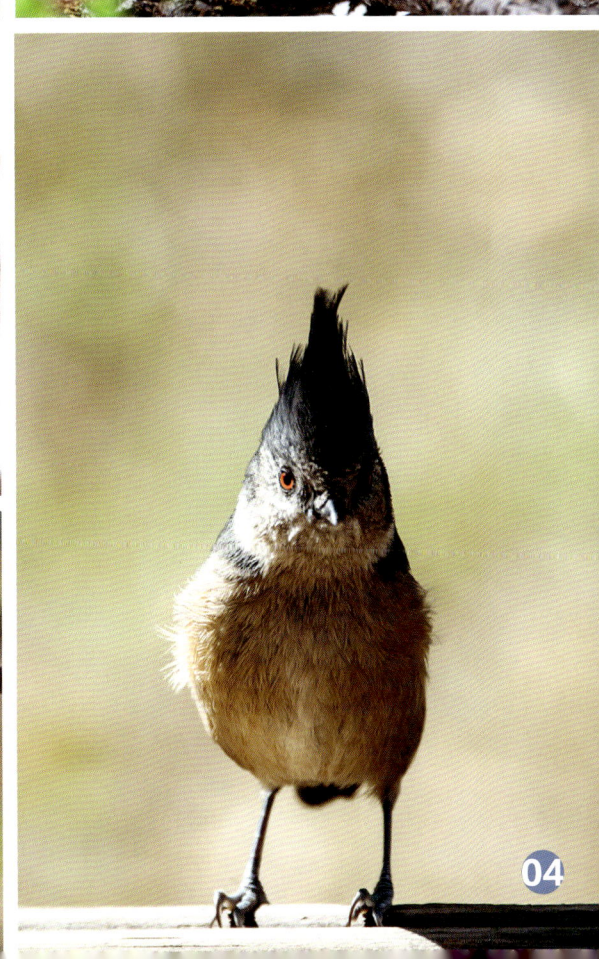

01

大山雀
Parus major

雀形目　Passeriformes
山雀科　Paridae

特征　体长约 14 厘米。头及喉辉黑色，与脸侧白斑及颈背块斑成强对比；翼上具一道醒目的白色条纹，一道黑色带沿胸中央而下。

习性　性活跃，多技能，时在树顶时在地面。成对或成小群。

环境　海拔 2800 ～ 3100 米的硬叶常绿阔叶林带（阳坡），海拔 2800 ～ 3100 米的暖性针叶林带（阴坡），海拔 3100 ～ 3800 米的寒温性针叶林带。

02

黄眉林雀
Sylviparus modestus

雀形目　Passeriformes
山雀科　Paridae

特征　体长约 10 厘米。外形似柳莺或啄花鸟。体羽大致橄榄色，羽冠短，黄色眼圈狭窄，浅黄色短眉纹有时被覆盖；腿甚显粗壮。虹膜深褐色；嘴角质色，基部偏灰色；脚蓝灰色。

习性　活跃，行动似山雀。示警或兴奋时冠羽耸立，浅色眉纹显出。

环境　海拔 2800 ～ 3100 米的硬叶常绿阔叶林带（阳坡），海拔 2800 ～ 3100 米的暖性针叶林带（阴坡），海拔 3100 ～ 3800 米的寒温性针叶林带。

03

火冠雀
Cephalopyrus flammiceps

雀形目　Passeriformes
山雀科　Paridae

特征　体长约 10 厘米。形似啄花鸟。雄鸟前额及喉中心棕色，喉侧及胸黄色，上体橄榄色，翼斑黄色。雌鸟暗黄橄榄色，下体皮黄色，翼斑黄色，过眼线色浅。亚成鸟下体白色。

习性　除繁殖期外，多集群活动，也与鸟浪一起在树间活动。

环境　栖息于山地针叶林或针阔混交林，也见于高海拔地区灌丛。

04

黑眉长尾山雀
Aegithalos bonvaloti

雀形目　Passeriformes
长尾山雀科　Aegithalidae

特征　体长约 11 厘米。额及胸兜边缘白色，下胸及腹部白色。虹膜黄色；嘴黑色；脚褐色。

习性　活跃，集群活动。

环境　海拔 2800 ～ 3100 米的硬叶常绿阔叶林带（阳坡），海拔 2800 ～ 3100 米的暖性针叶林带（阴坡），海拔 3100 ～ 3800 米的寒温性针叶林带。

01a

01b

02

04

03

01
—

花彩雀莺
Leptopoecile sophiae

雀形目　Passeriformes
长尾山雀科　Aegithalidae

特征　体长 9 ~ 12 厘米。顶冠棕色，眉纹白色。尾长，羽毛松软。前额有一宽阔的淡黄色眉纹，头顶栗色或棕红色，有的具紫蓝色光泽。背灰色，腰和尾上覆羽辉紫蓝色，飞羽灰褐色。外侧三对尾羽外翈羽缘白色，其余尾羽外翈羽缘蓝色。下体皮黄色或紫色，腹中央具栗色斑，有的为紫蓝色而腹为皮黄色。虹膜红色；嘴黑色；脚灰褐色。

习性　多集小群觅食，行动敏捷，以多种方式捕捉昆虫，有时与其他鸟类混群活动。常在比较开阔的林缘灌丛活动，不进入茂密森林。

环境　海拔 2000 ~ 5000 米的高山矮林、杜鹃灌丛以及林线以上的高寒荒漠带。

02
—

凤头雀莺
Leptopoecile elegans

雀形目　Passeriformes
长尾山雀科　Aegithalidae

特征　体长 9 ~ 10 厘米，雄鸟呈紫色和绛紫色，顶冠淡紫灰色，额及凤头白色，尾全蓝色。雌鸟喉及上胸白色，至臀部渐变成淡紫色，耳羽灰色，一道黑线将灰色头顶及近白色的凤头与偏粉色的枕部及上背隔开。与花彩雀莺的区别在凤头显著，尾无白色，头顶灰色。

习性　单独和成对活动，偶尔亦见 3 ~ 5 只成群，尤其是冬季和春秋季节。结小群并与其他种类混群。性活泼，常在树上枝叶间跳来跳去，也在林下灌丛中活动和觅食。遇有干扰，则立刻落入灌丛中。以昆虫为食主要有甲虫、金花甲等昆虫和昆虫幼虫等。

环境　海拔 3000 ~ 4000 米的高原山地针叶林中，尤其是杉树林，夏季栖于冷杉林及林线以上的灌丛，可至海拔 4300 米。

03
—

小云雀
Alauda gulgula

雀形目　Passeriformes
百灵科　Alaudidae

特征　体长约 15 厘米，羽毛褐色斑驳而似鹨。略具浅色眉纹及羽冠。

习性　栖于长有短草的开阔地区。与歌百灵不同处在于从不停栖树上。繁殖期成对活动，其他时候多成群。善奔跑。主要在地面上活动。常从地面突然起飞作炫耀飞行。在野外和云雀很难分辨，最好通过鸣唱识别。

环境　主要栖息于开阔平原、草地、低山平地、河边、沙滩、草丛、坟地、农田、荒地以及沿海平原地区。

01

02a

02b

03

01

——

岩燕
Ptyonoprogne rupestris

雀形目　Passeriformes
燕科　Hirundinidae

特征　体长约 15 厘米。方形尾的近端处具两个白色点斑。飞行时从下方看其深色的翼下覆羽、尾下覆羽及尾与较淡的头顶、飞羽、喉及胸成对比。虹膜褐色；嘴黑色；脚肉棕色。

习性　栖于山区岩崖及干热河谷。偶尔在建筑物上。

环境　海拔 2000 ~ 2600 米的亚热带干暖河谷。

02

——

家燕
Hirundo rustica

雀形目　Passeriformes
燕科　Hirundinidae

特征　体长约 20 厘米（包括尾羽延长部）。上体钢蓝色；胸偏红而具一道蓝色胸带，腹白色；尾甚长，近端处具白色点斑。虹膜褐色；嘴及脚黑色。

习性　在高空滑翔及盘旋，或低飞于地面或水面捕捉小昆虫。常降落在枯树枝、柱子及电线上。各自寻食，但群体常取食于同一地点。

环境　海拔 2800 ~ 3100 米的硬叶常绿阔叶林带（阳坡），海拔 2800 ~ 3100 米的暖性针叶林带（阴坡）。

03

——

烟腹毛脚燕
Delichon dasypus

雀形目　Passeriformes
燕科　Hirundinidae

特征　体长约 13 厘米。腰白色，尾浅叉，下体偏灰色，上体钢蓝色，腰白色，胸烟白色。虹膜褐色；嘴黑色；脚粉红色，被白色羽至趾。

习性　单独或成小群，与其他燕或金丝燕混群。比其他燕更喜留在空中，多见其于高空翱翔。

环境　海拔 3100 ~ 3800 米的寒温性针叶林带，海拔 3800 ~ 4000 米的亚高山灌丛带，海拔 4000 米以上的高山复合体带。

04

——

戴菊
Regulus regulus

雀形目　Passeriformes
戴菊科　Regulidae

特征　体长约 9 厘米，形似柳莺。翼上具黑白色图案，以金黄色或橙红色（雄鸟）的顶冠纹并两侧缘以黑色侧冠纹为特征。上体全橄榄绿至黄绿色；下体偏灰色或淡黄白色，两胁黄绿色。虹膜深褐色；嘴黑色；脚偏褐色。

习性　通常独栖于针叶林的林冠下层。加入迁徙鸟潮。

环境　海拔 2600 ~ 2800 米的温性针阔混交林带，海拔 2800 ~ 3100 米的硬叶常绿阔叶林带（阳坡），海拔 2800 ~ 3100 米的暖性针叶林带（阴坡）。

01

—

黄臀鹎
Pycnonotus xanthorrhous

雀形目　Passeriformes
鹎科　Pycnonotidae

特征　体长约 20 厘米。顶冠及颈背黑色。与白喉红臀鹎的区别在耳羽褐色，胸带灰褐色，尾端无白色。与白头鹎的区别在耳羽褐色，翼上无黄色，尾下覆羽黄色较重。虹膜褐色；嘴黑色；脚黑色。
习性　典型的群栖型鹎鸟，栖于丘陵次生荆棘丛及蕨类植丛。
环境　海拔 2000 ～ 2600 米的亚热带干暖河谷。

02

—

黑短脚鹎
Hypsipetes leucocephalus

雀形目　Passeriformes
鹎科　Pycnonotidae

特征　体长约 20 厘米。尾略分叉，嘴、脚及眼亮红色。部分亚种头部白色，虹膜褐色；嘴红色；脚红色。
习性　食果实及昆虫，有季节性迁移。
环境　海拔 2600 ～ 2800 米的温性针阔混交林带，海拔 2800 ～ 3100 米的硬叶常绿阔叶林带（阳坡），海拔 2800 ～ 3100 米的暖性针叶林带（阴坡）。

03

—

黄腹柳莺
Phylloscopus affinis

雀形目　Passeriformes
柳莺科　Phylloscopidae

特征　体长约 11 厘米，体形结实。尾圆而略凹；上体橄榄绿色，黄色的眉纹长且粗，有时近后端偏白；耳羽暗黄色，无翼斑。下体黄色，胸侧沾皮黄色，两胁及臀沾橄榄色。虹膜褐色；上嘴褐色，下嘴偏黄色；脚暗色。
习性　藏匿于低矮植被，动作敏捷。冬季有时结小群。
环境　海拔 2800 ～ 3100 米的硬叶常绿阔叶林带（阳坡），海拔 2800 ～ 3100 米的暖性针叶林带（阴坡），海拔 3100 ～ 3800 米的寒温性针叶林带。

04

—

淡眉柳莺
Phylloscopus humei

雀形目　Passeriformes
柳莺科　Phylloscopidae

特征　体长约 10 厘米。上体橄榄灰色，具两道翼斑，尾上无白色，具浅色的长眉纹，贯眼纹色深，顶冠纹暗灰色。虹膜褐色；嘴黑色，下嘴基色浅；脚褐色。
习性　惧生。常加入混合群。性活泼的林栖型柳莺。
环境　2600 ～ 2800 米温性针阔混交林带。

01
—

暗绿柳莺
Phylloscopus trochiloides

雀形目　Passeriformes
柳莺科　Phylloscopidae

特征　体长约 10 厘米。背深绿色；通常仅具一道黄白色翼斑；尾无白色；长眉纹黄白色，无顶冠纹。过眼纹深色，耳羽具暗色的细纹。下体灰白色，两胁沾橄榄色。眼圈近白色。虹膜褐色；上嘴角质色，下嘴偏粉色；脚褐色。
习性　夏季栖于高海拔的灌丛及林地，越冬于低地森林、灌丛及农田。
环境　海拔 2800 ～ 3100 米的硬叶常绿阔叶林带（阳坡），海拔 2800 ～ 3100 米的暖性针叶林带（阴坡），海拔 3100 ～ 3800 米的寒温性针叶林带。

02
—

金眶鹟莺
Phylloscopus burkii

雀形目　Passeriformes
柳莺科　Phylloscopidae

特征　体长约 13 厘米。具宽阔的绿灰色顶冠纹，其两侧缘接黑色侧冠纹；下体黄色；外侧尾羽的内侧白色。眼圈黄色，有别于白眶鹟莺和灰脸鹟莺。虹膜褐色；上嘴黑色，下嘴色浅；脚偏黄色。
习性　多隐匿于林下层。
环境　海拔 2600 ～ 2800 米的温性针阔混交林带。

03
—

大噪鹛
Ianthocincla maxima

雀形目　Passeriformes
噪鹛科　Leiothrichidae

特征　体长约 34 厘米。尾长，顶冠、颈背及髭纹深灰褐色，头侧及颏栗色。背羽次端黑色而端白色，因而在栗色的背上形成点斑。虹膜黄色；嘴角质色；脚粉红。
习性　多栖于海拔较高的地带。
环境　海拔 2800 ～ 3100 米的硬叶常绿阔叶林带（阳坡），海拔 2800 ～ 3100 米的暖性针叶林带（阴坡），海拔 3100 ～ 3800 米的寒温性针叶林带。

04
—

橙翅噪鹛
Phylloscopus trochiloides

雀形目　Passeriformes
噪鹛科　Leiothrichidae

特征　体长约 26 厘米。全身大致灰褐色，上背及胸羽具深色及偏白色羽缘，形成鳞状斑纹。脸色较深。臀及下腹部黄褐色。初级飞羽基部的羽缘偏黄色、羽端蓝灰色而形成翼上的斑纹。虹膜浅乳白色；嘴褐色；脚褐色。
习性　结小群于开阔次生林及灌丛的林下植被及竹丛中取食。
环境　海拔 2800 ～ 3100 米的硬叶常绿阔叶林带（阳坡），海拔 2800 ～ 3100 米的暖性针叶林带（阴坡），海拔 3100 ～ 3800 米的寒温性针叶林带。

01

02

03a

03b

04a

04b

01

——

黑顶噪鹛
Trochalopteron affine

雀形目　Passeriformes
噪鹛科　Leiothrichidae

特征　体长约 26 厘米。具白色宽髭纹，颈部白色块与偏黑色的头成对比。翼羽及尾羽羽缘带黄色。虹膜褐色；嘴黑色；脚褐色。

习性　栖于混合林、杜鹃林及桧树丛，藏隐于林下植被。

环境　海拔 2800 ～ 3100 米的硬叶常绿阔叶林带（阳坡），海拔 2800 ～ 3100 米的暖性针叶林带（阴坡），海拔 3100 ～ 3800 米的寒温性针叶林带。

02

——

矛纹草鹛
Pterorhinus lanceolatus

雀形目　Passeriformes
噪鹛科　Leiothrichidae

特征　体长约 26 厘米。上体多具纵纹，甚长的尾上具狭窄的横斑，嘴略下弯，具特征性的深色髭纹。虹膜黄色；嘴黑色；脚粉褐色。

习性　甚吵嚷，栖于开阔的山区森林，丘陵森林的灌丛、棘丛和林下植被。结小群于地面活动和取食。性甚隐蔽，但常栖于突出处鸣叫。

环境　海拔 2800 ～ 3100 米的硬叶常绿阔叶林带（阳坡），海拔 2800 ～ 3100 米的暖性针叶林带（阴坡）。

03

——

白颊噪鹛
Pterorhinus sannio

雀形目　Passeriformes
噪鹛科　Leiothrichidae

特征　体长约 25 厘米。尾下覆羽棕色，特征为皮黄白色的脸部图纹，系眉纹及下颊纹由深色的眼后纹所隔开。

习性　单独或成对活动，非繁殖期也会集小群，习性较其他噪鹛大方。通常在林下或地面翻动落叶觅食。

环境　海拔 200 ～ 1800 米的灌丛、草丛、次生林、竹林等，也会出现于城市园林和绿地。

04

——

棕颈钩嘴鹛
Pomatorhinus ruficollis

雀形目　Passeriformes
林鹛科　Timaliidae

特征　体长约 19 厘米。具栗色的颈圈，白色的长眉纹，眼先黑色，喉白色，胸具纵纹。虹膜褐色；上嘴黑色，下嘴黄色；脚铅褐色。

习性　常隐于近地面的高草丛或稠密灌丛。

环境　海拔 2600 ～ 2800 米的温性针阔混交林带，海拔 2800 ～ 3100 米的硬叶常绿阔叶林带（阳坡），海拔 2800 ～ 3100 米的暖性针叶林带（阴坡）。

01

—

斑胸钩嘴鹛
Erythrogenys gravivox

雀形目　Passeriformes
林鹛科　Timaliidae

特征　体长约 24 厘米。无浅色眉纹，脸颊棕色。甚似锈脸钩嘴鹛，但胸部具浓密的黑色点斑或纵纹。虹膜黄至栗色；嘴灰至褐色；脚肉褐色。

习性　多成对或集群活动，在地面落叶中翻找食物。

环境　多活动于开阔的林地、林缘、灌丛、次生林、弃耕农田、竹林。一般分布在海拔 200 ~ 3700 米，在西藏夏季可高至海拔 3260 ~ 3800 米。

02

—

日本绣眼鸟
Zosterops japonicus

雀形目　Passeriformes
绣眼鸟科　Zosteropidae

特征　体长约 10 厘米，群栖性鸟。上体鲜亮橄榄绿色，具明显的白色眼圈，喉及臀部黄色，胸及两胁灰色，腹白色。虹膜浅褐色；嘴灰色；脚偏灰色。

习性　性活泼喧闹，常于树顶觅食小型昆虫、小浆果及花蜜。

环境　海拔 2600 ~ 2800 米的温性针阔混交林带。

03

—

白领凤鹛
Yuhina diademata

雀形目　Passeriformes
绣眼鸟科　Zosteropidae

特征　体长约 17.5 厘米。具蓬松的羽冠，颈后白色大斑块与白色宽眼圈及后眉线相接。额、鼻孔及眼先黑色。飞羽黑色而羽缘近白色。下腹部白色。虹膜偏红色；嘴近黑色；脚粉红色。

习性　成对或结小群吵嚷活动于灌丛。

环境　海拔 2600 ~ 2800 米的温性针阔混交林带，海拔 2800 ~ 3100 米的硬叶常绿阔叶林带（阳坡），海拔 2800 ~ 3100 米的暖性针叶林带（阴坡）。

04

—

棕臀凤鹛
Yuhina occipitalis

雀形目　Passeriformes
绣眼鸟科　Zosteropidae

特征　体长约 13 厘米。凸显的羽冠前端灰色而后端橙褐色。上背灰橄榄色，髭纹黑色。下体粉皮黄色，尾下覆羽棕色。眼圈白色。虹膜褐色；嘴粉色；脚橙红色。

习性　结群并与其他种类混群，在鸟潮中积极活动。

环境　海拔 2600 ~ 2800 米的温性针阔混交林带。

01

04

02

02b

03a

03b

01
——

黄腹啄花鸟
Dicaeum melanoxanthum

雀形目　Passeriformes
啄花鸟科　Dicaeidae

特征　体长约 13 厘米。雄鸟下腹部为艳黄色，特征为喉部的白色纵斑与黑色的头、喉侧及上体成对比，外侧尾羽内具白色斑块。雌鸟似雄鸟但色暗。虹膜褐色；嘴黑色；脚黑色。

习性　多栖于常绿林的林缘及空隙，食寄生植物的果实。

环境　海拔 2600 ~ 2800 米的温性针阔混交林带，海拔 2800 ~ 3100 米的硬叶常绿阔叶林带（阳坡）。

02
——

红胸啄花鸟
Dicaeum ignipectus

雀形目　Passeriformes
啄花鸟科　Dicaeidae

特征　体长约 9 厘米。雄鸟上体闪辉深绿蓝色，下体皮黄色，胸具猩红色的块斑，一道狭窄的黑色纵纹沿腹部而下。雌鸟下体赭皮黄色。亚成鸟似纯色啄花鸟的亚成鸟，但分布在较高海拔处。

习性　通常在林冠层或中层单独或成对活动，非繁殖期会集小群或加入其他鸟类形成混合群。似其他啄花鸟，多见光顾于树顶的桑寄生属槲类植物。

环境　海拔 900 ~ 3950 米的山地森林、常绿林和落叶林、林缘、次生林、果园、花果树等，冬季可降至海拔 300 米。

03
——

蓝喉太阳鸟
Aethopyga gouldiae

雀形目　Passeriformes
花蜜鸟科　Nectariniidae

特征　体长 10 ~ 11 厘米。雄鸟色彩亮丽，胸猩红色，尾蓝色。雌鸟比雄鸟略小，上体橄榄色，下体绿黄色，颏及喉烟橄榄色。腰浅黄色而有别于其他种。虹膜褐色；嘴黑色；脚褐色。

习性　春季常取食于杜鹃灌丛，夏季于悬钩子。

环境　海拔 2800 ~ 3100 米的硬叶常绿阔叶林带（阳坡），海拔 2800 ~ 3100 米的暖性针叶林带（阴坡）。

04
——

山麻雀
Passer cinnamomeus

雀形目　Passeriformes
雀科　Passeridae

特征　体长约 14 厘米。雄雌异色。雄鸟顶冠及上体为鲜艳的红褐色或栗色，上背具纯黑色纵纹色，喉黑色，脸颊污白色；雌鸟色较暗，具深色的宽眼纹及奶油色的长眉纹。虹膜褐色；雄鸟嘴灰色，雌鸟嘴黄色而嘴端色深；脚粉褐色。

习性　结群栖于高地的开阔林、林地或于近耕地的灌木丛。

环境　海拔 2600 ~ 2800 米的温性针阔混交林带。

01

02

03a

03b

雄

04a

雌

04b

01
—
麻雀
Passer montanus

雀形目　Passeriformes
雀科　Passeridae

特征　体长约 14 厘米。顶冠及颈背褐色，颊部有黑斑。雄雌鸟形、色非常接近，可通过肩羽加以辨别，成年雄鸟肩羽为褐红色，成鸟雌鸟则为橄榄褐色。

习性　不迁徙，是常见的留鸟。在地面活动时双脚跳跃前进、翅短圆、不耐远飞、鸣声喧噪，常集群活动。

环境　常见的与人类伴生的鸟类，栖息于居民点和田野附近。

02
—
白鹡鸰
Motacilla alba

雀形目　Passeriformes
鹡鸰科　Motacillidae

特征　体长约 20 厘米。体羽上体灰色，下体白色，两翼及尾黑白相间。雌鸟似雄鸟但色较暗。亚成鸟灰色取代成鸟的黑色。虹膜褐色；嘴及脚黑色。

习性　栖于近水的开阔地带、稻田、溪流边及道路上。受惊扰时飞行骤降并发出示警叫声。

环境　海拔 2000 ~ 2600 米的亚热带干暖河谷，海拔 2600 ~ 2800 米的温性针阔混交林带。

03
—
黄头鹡鸰
Motacilla citreola

雀形目　Passeriformes
鹡鸰科　Motacillidae

特征　体长约 18 厘米，雄鸟比雌鸟略大。雄鸟头及下体艳黄色，具两道白色翼斑；雌鸟头顶及脸颊灰色。亚成鸟头及下体为暗淡白色。虹膜深褐色；嘴黑色；脚近黑色。

习性　喜沼泽草甸、苔原带。

环境　海拔 2800 ~ 3100 米的硬叶常绿阔叶林带（阳坡），海拔 2800 ~ 3100 米的暖性针叶林带（阴坡）。

04
—
灰鹡鸰
Motacilla cinerea

雀形目　Passeriformes
鹡鸰科　Motacillidae

特征　体长约 19 厘米。腰黄绿色，下体黄色。与西黄鹡鸰的区别在于上背灰色，飞行时白色翼斑和黄色的腰显现，且尾较长。成鸟下体黄色，亚成鸟偏白色。虹膜褐色；嘴黑褐色；脚粉灰色。

习性　常光顾多岩溪流并在潮湿砾石或沙地觅食，也于高山草甸上活动。

环境　海拔 2800 ~ 3100 米的硬叶常绿阔叶林带（阳坡），海拔 2800 ~ 3100 米的暖性针叶林带（阴坡）。

01

02

03a

03b

04

01

——

西黄鹡鸰
Motacilla flava

雀形目　Passeriformes
鹡鸰科　Motacillidae

特征　体长约 18 厘米。似灰鹡鸰，但背部橄榄绿色或橄榄褐色，尾较短，飞行时无白色翼纹或黄色腰。雌鸟及亚成鸟无黄色的臀部。亚成鸟腹部白色。虹膜褐色；嘴褐色；脚褐至黑色。

习性　喜稻田、沼泽边缘及草地。

环境　海拔 2800 ～ 3100 米的硬叶常绿阔叶林带（阳坡），海拔 2800 ～ 3100 米的暖性针叶林带（阴坡）。

02

——

树鹨
Anthus hodgsoni

雀形目　Passeriformes
鹡鸰科　Motacillidae

特征　体长约 15 厘米。具粗显的白色眉纹。与其他鹨的区别在于上体纵纹较少，喉及两胁皮黄色，胸及两胁黑色纵纹浓密。虹膜褐色；下嘴偏粉色，上嘴角质色；脚粉红色。

习性　比其他的鹨更喜森林环境，受惊扰时降落于树上。

环境　海拔 2800 ～ 3100 米的硬叶常绿阔叶林带（阳坡），海拔 2800 ～ 3100 米的暖性针叶林带（阴坡），海拔 3100 ～ 3800 米的寒温性针叶林带。

03

——

棕胸岩鹨
Prunella strophiata

雀形目　Passeriformes
岩鹨科　Prunellidae

特征　体长约 16 厘米。眼先上具狭窄白线，至眼后转为特征性的黄褐色眉纹，下体白色而带黑色纵纹，仅胸带黄褐色。虹膜浅褐色；嘴黑色；脚暗橘黄色。

习性　喜海拔较高的森林及林线以上的灌丛。

环境　海拔 3100 ～ 3800 米的寒温性针叶林带。

04

——

褐岩鹨
Prunella fulvescens

雀形目　Passeriformes
岩鹨科　Prunellidae

特征　体长约 15 厘米。白色的眉纹粗显，下体白色，胸及两胁沾粉色。虹膜浅褐色；嘴近黑色；脚浅红褐色。

习性　繁殖期常成对活动，非繁殖期多集群活动。喜开阔有灌丛地区、几乎无植被的高山山坡及碎石带。

环境　海拔 3100 ～ 3800 米的寒温性针叶林带，海拔 3800 ～ 4000 米的亚高山灌丛带。

01
—
栗背岩鹨
Prunella immaculata

雀形目　Passeriformes
岩鹨科　Prunellidae

特征　体长约 14 厘米。臀栗褐色，下背及次级飞羽绛紫色。额苍白色，由近白色的羽缘成扇贝形纹所致。虹膜白色；嘴角质色；脚暗橘黄色。

习性　常栖于针叶林的潮湿林下植被中，冬季常见于较开阔的灌丛。

环境　海拔 2800 ～ 3100 米的硬叶常绿阔叶林带（阳坡），海拔 2800 ～ 3100 米的暖性针叶林带（阴坡），海拔 3100 ～ 3800 米的寒温性针叶林带。

02
—
领岩鹨
Prunella collaris

雀形目　Passeriformes
岩鹨科　Prunellidae

特征　体长 15 ～ 19 厘米。似麻雀但稍大，头部为灰褐色，腰部栗色，尾羽为黑褐色，有较淡的淡黄褐色边缘；中央尾羽有很宽的栗色端缘，外侧尾羽的末端有白色缘斑，颏和喉灰白色，羽毛近端处有"V"字形灰色和黑色相间的横斑；上腹及两肋栗色，各羽有较宽的白色边缘；下腹淡黄褐色，各羽有暗色横斑；尾下复羽的基部灰色，次端为黑栗色，末端为白色。幼鸟整个下体褐灰色，有淡黑色条纹，嘴裂为显著的橙红色。

习性　单独或集小群活动。性活跃，常立于岩石上，站姿较挺拔，翅和尾会轻轻扇动。飞行呈波浪状，迅速而灵活。

环境　活动于中高海拔山区，觅食于裸岩或草地区域，繁殖于岩缝或灌丛中，冬天下降至溪谷中栖息。

03
—
黑头金翅雀
Chloris ambigua

雀形目　Passeriformes
燕雀科　Fringillidae

特征　体长约 13 厘米。头黑绿色，似高山金翅雀但头无条纹，腰及胸橄榄色而非黄色。虹膜深褐色；嘴粉红色；脚粉红色。

习性　垂直迁移的候鸟。成对或结小群活动于开阔针叶林或落叶林，及有稀疏林木的开阔地。有时在田野取食。

环境　海拔 2600 ～ 2800 米的温性针阔混交林带。

04
—
林岭雀
Leucosticte nemoricola

雀形目　Passeriformes
燕雀科　Fringillidae

特征　体长约 15 厘米。具浅色的眉纹和白色或乳白色的细小翼斑，凹形的尾无白色。雄雌同色，雏鸟较成鸟多暖褐色。虹膜深褐色；嘴角质色；脚灰色。

习性　栖于多石的山坡和高山草甸。为垂直迁移的候鸟，常成大群作快速的上下翻飞。

环境　海拔 3800 ～ 4000 米的亚高山灌丛带，海拔 4000 米的以上高山复合体带。

01
—

普通朱雀
Carpodacus erythrinus

雀形目　Passeriformes
燕雀科　Fringillidae

特征　体长约 15 厘米。上体灰褐色，腹白色。繁殖期雄鸟头、胸、腰及翼斑多具鲜亮红色；雌鸟无粉红色，上体浅灰褐色，下体近白色。幼鸟似雌鸟但褐色较重且有纵纹。雄鸟与其他朱雀的区别在于红色鲜亮，无眉纹，腹白色，脸颊及耳羽均深色。虹膜深褐色；嘴灰色；脚近黑色。

习性　栖于亚高山林带，但多在林间空地、灌丛及溪流旁单独、成对或结小群活动。飞行呈波状。不如其他朱雀隐秘。

环境　海拔 2800 ～ 3100 米的硬叶常绿阔叶林带（阳坡），海拔 2800 ～ 3100 米的暖性针叶林带（阴坡），海拔 3100 ～ 3800 米的寒温性针叶林带。

02
—

曙红朱雀
Carpodacus waltoni

雀形目　Passeriformes
燕雀科　Fringillidae

特征　体长 12 ～ 15 厘米。雄鸟眉纹、脸颊、胸及腰粉色。甚似红眉朱雀但体形较小，嘴细而尾短，无红眉朱雀的皮黄褐色两胁。虹膜深褐色；嘴角质褐色；脚淡褐色。

习性　喜开阔的高山草甸及有矮树及灌丛的干热河谷。冬季成群活动，有时与红眉朱雀混群。

环境　海拔 2800 ～ 3100 米的硬叶常绿阔叶林带（阳坡），海拔 2800 ～ 3100 米的暖性针叶林带（阴坡），海拔 3100 ～ 3800 米的寒温性针叶林带。

03
—

酒红朱雀
Carpodacus vinaceus

雀形目　Passeriformes
燕雀科　Fringillidae

特征　体长约 15 厘米。雄鸟全身深绯红色，腰色较淡，眉纹及三级飞羽羽端浅粉色。雌鸟全身橄榄褐色而具深色纵纹；虹膜褐色；嘴角质色；脚褐色。

习性　常单独或结小群近地面活动。可长时间静立不动。

环境　海拔 2800 ～ 3100 米的硬叶常绿阔叶林带（阳坡），海拔 2800 ～ 3100 米的暖性针叶林带（阴坡），海拔 3100 ～ 3800 米的寒温性针叶林带。

04
—

斑翅朱雀
Carpodacus trifasciatus

雀形目　Passeriformes
燕雀科　Fringillidae

特征　体长约 18 厘米。具两道显著的浅色翼斑，肩羽边缘及三级飞羽外侧的白色形成特征性的"条带"。雄鸟脸偏黑，头顶、颈背、胸、腰及下背深绯红色。雌鸟及幼鸟上体深灰色，满布黑色纵纹。虹膜褐色；嘴角质色；脚深褐色。

习性　繁殖于海拔 1800 ～ 3000 米的稀疏针叶林，但冬季会下迁至农耕地及果园。

环境　海拔 2800 ～ 3100 米的硬叶常绿阔叶林带（阳坡），海拔 2800 ～ 3100 米的暖性针叶林带（阴坡）。

01
—

点翅朱雀
Carpodacus rodopeplus

雀形目　Passeriformes
燕雀科　Fringillidae

特征　体长约 15 厘米。繁殖期雄鸟具浅粉色的长眉纹，腰及下体暗粉色，特征为三级飞羽及覆羽具浅粉色点斑。雌鸟无粉色且纵纹密布，下体淡皮黄色，具皮黄色翼斑，眉纹长而色浅。虹膜深褐色；嘴近灰色；脚粉褐色。

习性　夏季栖居于林线灌丛及高山草甸，冬季下至竹林密丛。惧生。

环境　海拔 2800 ~ 3100 米的硬叶常绿阔叶林带（阳坡），海拔 2800 ~ 3100 米的暖性针叶林带（阴坡），海拔 3100 ~ 3800 米的寒温性针叶林带。

02
—

白眉朱雀
Carpodacus dubius

雀形目　Passeriformes
燕雀科　Fringillidae

特征　体长约 17 厘米。雄鸟腰及顶冠粉色，浅粉色的眉纹后端成特征性白色。中覆羽羽端白色成不明显翼斑。雌鸟与其他雌性朱雀的区别为腰色深而偏黄色，眉纹后端白色。虹膜深褐色；嘴角质色；脚褐色。

习性　垂直迁移的候鸟，夏季常见于高山及林线灌丛，冬季迁至丘陵山坡灌丛。成对或结小群活动，有时与其他朱雀混群。取食多在地面。

环境　海拔 3100 ~ 3800 米的寒温性针叶林带。

03
—

拟大朱雀
Carpodacus rubicilloides

雀形目　Passeriformes
燕雀科　Fringillidae

特征　体长约 19 厘米。嘴较大，两翼及尾长。繁殖期雄鸟的脸、额及下体深红，顶冠及下体具白色纵纹，腰粉红色。雌鸟灰褐色而密布纵纹。虹膜深褐色；嘴角质粉色；脚近灰色。

习性　栖于高海拔的多岩流石滩及有稀疏矮树丛的高原。冬季常见于村庄附近的棘丛。惧生且行踪隐秘，飞行迅速，常与其他朱雀混群。

环境　海拔 3100 ~ 3800 米的寒温性针叶林带。

04
—

棕朱雀
Carpodacus edwardsii

雀形目　Passeriformes
燕雀科　Fringillidae

特征　体长约 16 厘米。眉纹显著。雄鸟全身深紫褐色，眉纹、喉、颊及三级飞羽的远缘浅粉色，腰色深，额或下体无粉色，翼上无白色而有别于其他的深色朱雀。雌鸟上体深褐色，下体皮黄色，眉纹浅皮黄色，具浓密的深色纵纹，翼上无白色，尾略凹。

习性　多单独或成对活动于林下灌木，也见于林缘，林栖性强，性隐蔽。

环境　栖息于中高海拔的阔叶林、混交林、针叶林。

01

雄

03

雌

03b

雄

02a

雌

02b

04

01

长尾雀
Carpodacus lepidus

雀形目　Passeriformes
燕雀科　Fringillidae

特征　体长约 17 厘米。嘴粗厚。繁殖期雄鸟脸、腰及胸粉红色，额及颈背苍白色，两翼多具白色，上背黑褐色且边缘有粉红色纵纹，繁殖期外色彩较淡。雌鸟全身具灰色纵纹，腰及胸棕色。与朱鸲的区别为嘴较粗厚，外侧尾羽白色，眉纹浅淡霜白色，腰粉红色。虹膜褐色；嘴浅黄色；脚灰褐色。

习性　单独或集小群活动于植被中下层，觅食于灌木和矮树。

环境　栖息于温带至寒带的疏林、阔叶林、针阔叶混交林林缘，以及灌丛、公园和农田。

02

灰头灰雀
Pyrrhula erythaca

雀形目　Passeriformes
燕雀科　Fringillidae

特征　体长约 17 厘米。嘴厚略带钩，似其他灰雀但成鸟的头灰色。雄鸟胸及腹部深橘黄色。雌鸟下体及上背暖褐色，背有黑色条带。虹膜深褐色；嘴近黑色；脚粉褐色。

习性　栖于亚高山针叶林及混交林。冬季结小群生活。性不惧人。

环境　海拔 2800 ~ 3100 米的硬叶常绿阔叶林带（阳坡），海拔 2800 ~ 3100 米的暖性针叶林带（阴坡）。

03

白点翅拟蜡嘴雀
Mycerobas melanozanthos

雀形目　Passeriformes
燕雀科　Fringillidae

特征　体长约 22 厘米。嘴厚重。繁殖期雄鸟头、喉及上体黑色，胸腹部及臀黄色。三级飞羽、大覆羽及次级飞羽的羽端具明显黄白色点斑。雌鸟及幼鸟具黑色和黄色纵纹。虹膜深褐色；嘴灰色；脚灰色。

习性　常集群，较活跃，进食及停栖时不停地作嘎嘎声响。

环境　海拔 2800 ~ 3100 米的硬叶常绿阔叶林带（阳坡）及暖性针叶林带（阴坡）。

04

白斑翅拟蜡嘴雀
Mycerobas carnipes

雀形目　Passeriformes
燕雀科　Fringillidae

特征　体长约 23 厘米。嘴厚重。繁殖期雄鸟的外形似雄白点翅拟蜡嘴雀，但腰黄色，胸黑色，三级飞羽及大覆羽羽端点斑黄色，初级飞羽基部白色块斑在飞行时明显易见。雌鸟似雄鸟但色暗，灰色取代黑色，脸颊及胸具模糊的浅色纵纹。

习性　冬季结群活动，常与朱雀混群。嗑食种子时极吵嚷。性不惧人。

环境　海拔 2800 ~ 3100 米的硬叶常绿阔叶林带（阳坡）及暖性针叶林带（阴坡）。

01

黄颈拟蜡嘴雀
Mycerobas affinis

雀形目　Passeriformes
燕雀科　Fringillidae

特征　体长约 22 厘米，嘴大。成年雄鸟头、喉、两翼及尾黑色，其余部位黄色。雌鸟头及喉灰，覆羽、肩及上背暗灰黄色。雄性幼鸟似成鸟但色暗。

习性　栖于有矮小栎树、杜鹃和桧树灌丛的针叶林及混交林。冬季结群活动。飞行径直而迅速。

环境　栖息于中高海拔的针叶林、混交林、灌丛。

02

燕雀
Fringilla montifringilla

雀形目　Passeriformes
燕雀科　Fringillidae

特征　体长 13 ~ 16 厘米。嘴粗壮而尖，呈圆锥状，胸棕色而腰白色。成年雄鸟头及颈背黑色，背近黑色。腹部白色，两翼及叉形的尾黑色，有醒目的白色肩斑和棕色的翼斑，初级飞羽基部具白色点斑。非繁殖期的雄鸟与繁殖期雌鸟相似，但头部图纹明显为褐色、灰色及近黑色。

习性　除繁殖期间成对活动外，其他季节多成群活动，尤其是迁徙期间常集成大群，有时甚至集群多达数百上千只，晚上多在树上过夜。

环境　栖息于阔叶林、针叶阔叶混交林和针叶林等各类森林中，尤其在桦树为主的树林中较常见。主要以草籽、果实、种子等为食。

03

红交嘴雀
Loxia curvirostra

雀形目　Passeriformes
燕雀科　Fringillidae

特征　体长 15 ~ 17 厘米。上下嘴相侧交。体羽红色一般多杂斑，嘴较松雀的钩嘴更弯曲。雌鸟似雄鸟但为暗橄榄绿色而非红色。幼鸟似雌鸟而具纵纹。虹膜深褐色；嘴近黑色；脚近黑色。

习性　冬季下到低海拔针叶林或混交林游荡且部分鸟结群迁徙。飞行迅速而带起伏。倒悬进食，用交嘴嗑开松子。

环境　海拔 3100 ~ 3800 米的寒温性针叶林带。

04

灰眉岩鹀
Emberiza godlewskii

雀形目　Passeriformes
鹀科　Emberizidae

特征　体长约 17 厘米。头部灰色较重，侧冠纹栗色，顶冠纹灰色。雌鸟似雄鸟但色淡。虹膜深褐色；嘴蓝灰色；脚粉褐色。

习性　喜干燥而多岩石的丘陵山坡及近森林而多灌丛的沟壑深谷，也可见于农耕地。

环境　海拔 2800 ~ 3100 米的硬叶常绿阔叶林带（阳坡），海拔 2800 ~ 3100 米的暖性针叶林带（阴坡），海拔 3100 ~ 3800 米的寒温性针叶林带。

01

02

03a

03b

04

01
——

黄喉鹀
Emberiza elegans

雀形目　Passeriformes
鹀科　Emberizidae

特征　体长约 15 厘米。腹白色，头部图纹为清楚的黑色及黄色，具短羽冠。雌鸟似雄鸟但色暗，褐色取代黑色，皮黄色取代黄色。虹膜深栗褐色；嘴近黑色；脚浅灰褐色。

习性　栖于丘陵及山脊的干燥落叶林及混交林。越冬在多荫林地、森林及次生灌丛。

环境　海拔 2800 ～ 3100 米的硬叶常绿阔叶林带及暖性针叶林带（阴坡）。

02
——

小鹀
Emberiza pusilla

雀形目　Passeriformes
鹀科　Emberizidae

特征　体长约 13 厘米。头具条纹，雄雌同色。繁殖期成鸟体小而头具黑色和栗色条纹，眼圈色浅。冬季雄雌两性耳羽及顶冠纹暗栗色，颊纹及耳羽边缘灰黑色，眉纹及第二道下颊纹暗皮黄褐色。上体褐色而带深色纵纹，下体偏白色，胸及两胁有黑色纵纹。

习性　喜在林下或农田、草地等开阔地域觅食草籽、谷物及昆虫。常集群迁徙，冬季分散或单独活动。

环境　栖息于平原至山地的树林、灌丛、草地及农田。

03
——

凤头鹀
Emberiza lathami

雀形目　Passeriformes
鹀科　Emberizidae

特征　体长 16 ～ 18 厘米。具特征性的细长羽冠。雄鸟辉黑色，两翼及尾栗色，尾端黑色。雌鸟深橄榄褐色，上背及胸满布纵纹，羽冠较雄鸟的更短，翼羽色深且羽缘栗色。

习性　单独或成对活动，活跃而机警，常停栖于电线上。

环境　繁殖于开阔、干燥的多岩石山坡，喜觅食于山麓的耕地上。

01

02

03

哺乳动物

　　哺乳动物是指脊椎动物亚门下哺乳纲的温血动物，统称"兽类"，因能通过乳腺分泌乳汁给幼体哺乳而得名。哺乳动物的身体结构复杂，有区别于其他类群的大脑结构、恒温系统和循环系统，具有哺乳后代、几乎都是胎生、拥有皮毛等共通的外在特征。

　　哺乳动物是动物界里多样化程度最高的一类。他们的身体结构应生存环境的需求而高度特化。最大的哺乳动物蓝鲸的体重（150吨）差不多是最小的哺乳动物凹脸蝠体重（2克）的7500万倍。它们的外形也是千奇百怪。例如长颈鹿进化出了2米多长的脖子和45厘米长的舌头；大象有一条像人手一样灵活的鼻子；海豚长得跟鱼一样；蝙蝠像鸟类一样有可以在空中飞翔的翅膀。

　　哺乳动物是动物界物种中分布最为广泛的一类。作为恒温动物，哺乳动物能在较寒冷的环境里保持活动能力，汗腺等器官也可以帮助它们在炎热的环境里控制体温，故能适应各种不同温度和地形。从热带草原上的羚羊到极地的北极熊，再到高山上的鼠兔和沙漠中的骆驼，到处可以见到哺乳动物的身影。虽然哺乳动物主要在陆地上生活，但也有一些种类已经适应在陆地以外的环境中生活，如飞行的蝙蝠和在海洋里生存的海豹、海豚等。

　　哺乳纲有5000多个不同物种，约占地球所有物种的0.4%。在梅里雪山，我们最常见到的有鼩鼱科、树鼩科、松鼠科、兔科、鼠兔科、鼬科的小型兽类；运气好的话，还可以见到牛科、鹿科、熊科甚至猫科的大中型兽类。

01

蹼麝鼩
Nectogale elegans

劳亚食虫目　Eulipotyphla
鼩鼱科　Soricidae

特征　中等体形的在水中生活的鼩鼱。头体长 90 ~ 115 毫米，尾长 100 毫米。前后足大而有蹼，尾上有明显适应划水的硬毛是其重要特征；背部毛灰色，散布有白色毛尖毛。

习性　唯一完全水栖的鼩鼱，生活于清澈溪流或静水塘中；文献记载为昼行性，游动迅速，捕食水中小鱼和昆虫；笔者只在夜间见于雨崩村静水池塘中。

环境　海拔 2600 ~ 2800 米的温性针阔混交林带，海拔 2800 ~ 3100 米的硬叶常绿阔叶林带（阳坡），海拔 2800 ~ 3100 米的暖性针叶林带（阴坡），海拔 3100 ~ 3800 米的寒温性针叶林带。

02

灰麝鼩
Crocidura attenuata

劳亚食虫目　Eulipotyphla
鼩鼱科　Soricidae

特征　中等体形的常见鼩鼱。头体长 60 ~ 89 毫米，尾长 40 ~ 60 毫米，体重 6 ~ 12 克。背毛烟棕色到浅灰黑色，逐渐到腹面呈深灰色。

习性　广布中国南部，适应性广，生活于从雨林到高山森林的各种环境。

环境　海拔 2000 ~ 2600 米的亚热带干暖河谷，海拔 2600 ~ 2800 米的温性针阔混交林带，海拔 2800 ~ 3100 米的硬叶常绿阔叶林带（阳坡）。海拔 2800 ~ 3100 米的暖性针叶林带（阴坡），海拔 3100 ~ 3800 米的寒温性针叶林带。

03

北树鼩
Tupaia belangeri

攀鼩目　Scandentia
树鼩科　Tupaiidae

特征　中等体形，形似松鼠。头体长 16 ~ 19.5 厘米，尾长 15 ~ 19 厘米。毛橄榄绿到浓褐色，尾毛很蓬松，下部毛色稍浅，吻长，眼大，耳廓明显，短而圆。

习性　杂食性，常晨昏活动，常在林缘、农地边、村庄附近的灌丛周围活动觅食。

环境　海拔 2000 ~ 2600 米的亚热带干暖河谷，海拔 2600 ~ 2800 米的温性针阔混交林带，海拔 2800 ~ 3100 米的硬叶常绿阔叶林带（阳坡），海拔 2800 ~ 3100 米的暖性针叶林带（阴坡），海拔 3100 ~ 3800 米的寒温性针叶林带。

04

珀氏长吻松鼠
Dremomys pernyi

啮齿目　Rodentia
松鼠科　Sciuridae

特征　体形较大的本区常见松鼠。头体长 17 ~ 23.5 厘米，尾长 15 ~ 18 厘米。毛背部橄榄棕色，腹部淡黄白色，大腿间淡红色或黄褐色，吻长。

习性　白天活跃于森林、林缘附近，吃各种植物种子和嫩芽，尤其喜欢核桃等坚果。

环境　海拔 2000 ~ 2600 米的亚热带干暖河谷，海拔 2600 ~ 2800 米的温性针阔混交林带，海拔 2800 ~ 3100 米的硬叶常绿阔叶林带（阳坡），海拔 2800 ~ 3100 米的暖性针叶林带（阴坡），海拔 3100 ~ 3800 米的寒温性针叶林带，海拔 3800 ~ 4000 米的亚高山灌丛带。

01
—

隐纹花鼠
Tamiops swinhoei

啮齿目　Rodentia
松鼠科　Sciuridae

特征　体形较小的本区常见松鼠。头体长 13 厘米左右。尾毛蓬松，背毛棕褐色，背部有 7 条纵纹，从背中央向两侧的条纹分别为黑色、棕褐色、棕黄色、浅黄色和白色，最外侧的条纹不明显。两耳尖端有白色束毛，腹毛灰黄色，尾毛亦呈棕褐色，其两侧显棕黄色及黑色边缘。

习性　白天活跃的活动于针叶林和混交林中各区域。

环境　海拔 2800 ～ 3100 米的硬叶常绿阔叶林带（阳坡），海拔 2800 ～ 3100 米的暖性针叶林带（阴坡），海拔 3100 ～ 3800 米的寒温性针叶林带，海拔 3800 ～ 4000 米的亚高山灌丛带。

02
—

赤腹松鼠
Callosciurus erythraeus

啮齿目　Rodentia
松鼠科　Sciuridae

特征　本区体形最大的松鼠。体长 19 ～ 25 厘米。吻较短，耳小而圆，颈粗壮，尾略短于体长或相等。背部及四肢外侧为橄榄黄杂有黑毛，胸腹部及四肢内侧均为锈红色或棕红色，耳郭发黄，无簇毛。

习性　不常见的种类，白天活跃的活动于本区低海拔森林边缘区域。

环境　海拔 2000 ～ 2600 米的亚热带干暖河谷。

03
—

灰头小鼯鼠
Petaurista caniceps

啮齿目　Rodentia
松鼠科　Sciuridae

特征　也被称为"飞鼠"。体形较大，体长 29 ～ 40 厘米。尾明显超过体长；前后足爪显著地伸出毛被之外；头灰黑色，眼眶周围和耳后有明显赭棕色斑；背淡棕色或茶黄色，毛基黑灰色；翼膜的上下缘均棕赭色或栗棕色，边缘蓝灰色或浅黄棕色。

习性　罕见的种类，生活在本区高海拔森林树冠层，常夜间活动，晨昏可见在高树间滑翔。

环境　海拔 3100 ～ 3800 米的寒温性针叶林带，海拔 3800 ～ 4000 米的亚高山灌丛带。

04
—

喜马拉雅旱獭
Marmota himalayana

啮齿目　Rodentia
松鼠科　Sciuridae

特征　体形粗壮，雄兽体长 47 ～ 67 厘米，雌兽 45 ～ 52 厘米，雄兽个体的体重约 6000 克，雌兽个体约 5000 克。身躯肥胖，类似于圆条形。头部又短又宽，耳壳短而小，颈部短粗，尾巴短小而且末端略扁，长不超过后足的 2 倍。四肢短粗，前足长有 4 趾，后足长有 5 趾，趾端具爪，爪发达适于掘土。雌性个体生有乳头 5 对或 6 对。

习性　群居，白昼活动，冬季入洞冬眠。

环境　分布在青藏高原以及尼泊尔等国的青藏高原边缘山地。

01a

01b

02a

02b

03

04

01
—
中华竹鼠
Rhizomys sinensis

啮齿目　Rodentia
鼹形鼠科　Spalacidae

特征　体长 30 ~ 40 厘米，体重 2 ~ 4 千克。体形粗壮，呈圆筒形。头部钝圆，吻大，眼小，耳隐于毛内，听觉灵敏。四肢短小，尾短，门齿粗大。成体背部毛色为棕灰色并长有白尖针毛，幼体的毛色比成体深；腹部毛较为稀疏，透过毛被可看到粉红色的皮肤。
习性　本区较罕见。生活在本区中低海拔竹林、灌丛、林缘。
环境　海拔 2600 ~ 2800 米的温性针阔混交林带，海拔 2800 ~ 3100 米的硬叶常绿阔叶林带（阳坡），海拔 2800 ~ 3100 米的暖性针叶林带（阴坡）。

02
—
马来豪猪
Hystrix brachyura

啮齿目　Rodentia
豪猪科　Hystricidae

特征　身体肥壮，自肩部到尾部密布长刺，刺的颜色黑白相间，粗细不等。受惊时，尾部的刺立即竖起，刷刷作响以警告敌人。
习性　本区较罕见。栖息于较低海拔森林茂密或近农地处；白天躲在穴中睡觉，晚间出来觅食。常居住于天然石洞，也自行打洞，活动路线较固定。以植物根、茎为食。
环境　海拔 2000 ~ 2600 米的亚热带干暖河谷。

03
—
高原兔
Lepus oiostolus

兔形目　Lagomorpha
兔科　Leporidae

特征　高原兔也叫灰尾兔，是青藏高原的特有种。体长 35 ~ 56 厘米，尾长 7 ~ 12 厘米。体毛黄色至灰棕色，腹部呈白色，臀部是显眼的灰色，耳尖颜色较深，背脊中央有一条深色条纹，体毛长而蓬松，尾背面为暗灰色。
习性　本区较常见种类，生活在中高海拔林缘灌丛和草甸，喜欢干燥地，昼夜活动；晨昏容易见到。
环境　海拔 2800 ~ 3100 米的硬叶常绿阔叶林带（阳坡），海拔 2800 ~ 3100 米的暖性针叶林带（阴坡），海拔 3100 ~ 3800 米的寒温性针叶林带，海拔 3800 ~ 4000 米的亚高山灌丛带，海拔 4000 米以上的高山复合体带。

04
—
川西鼠兔云南亚种
Ochotona gloveri calloceps

兔形目　Lagomorpha
鼠兔科　Ochotonidae

特征　头体长 16 ~ 22 厘米，青藏高原特有种。吻和额部呈橙色或棕色，腹部灰白色；耳大，毛稀，耳背栗色或棕色；体毛茶棕色或浅灰棕色。
习性　在本区澜沧江河谷局部较常见。生活在岩石堆附近，食植物嫩叶。
环境　海拔 2000 ~ 2600 米的亚热带干暖河谷。

01
—

林麝
Moschus berezovskii

偶蹄目　Artiodactyla
麝科　Moschidae

特征　体长约70厘米，肩高约50厘米，体重约7千克。雌雄均无角；耳长而直立，端部稍圆；四肢细长，后肢长于前肢；体毛呈橄榄褐色，下颌、喉部、颈下、前胸为界限分明的白色或橘黄色区，臀部毛近黑色。雄麝上犬齿发达，腹部生殖器前有麝香囊。

习性　夜行性，多在黄昏和夜间活动觅食。性情怯懦孤独，很少成群结伙，行动敏捷，善爬悬岩陡壁，也能爬树，食苔藓和植物嫩枝叶。

环境　海拔2800～3100米的硬叶常绿阔叶林带（阳坡），海拔2800～3100米的暖性针叶林带（阴坡），海拔3100～3800米的寒温性针叶林带，海拔3800～4000米的亚高山灌丛带，4000米以上高山复合体带。

02
—

马麝
Moschus chrysogaster

偶蹄目　Artiodactyla
麝科　Moschidae

特征　体长88～92厘米，肩高50～60厘米，体重8～15千克，是最大的麝。头形狭长，吻端尖，耳朵直竖；耳狭长，约12厘米左右，雌麝较长。背部为浅黄褐色，全身棕黄褐色或沙黄淡褐色。雌、雄均没有角，没有眶下腺、蹄腺。雄体的上犬齿特别发达，呈獠牙向下伸出唇外，且略向右弯，长5～5.5厘米；雌体的上犬齿不呈獠牙状。尾长约5～6厘米，大部裸露，其上布满油脂腺体，仅尾尖有一丛稀疏毛存在。仅雄性体腹后部有香腺，生产麝香。

习性　生活有规律性，晨昏活动，白天休息。反刍，性情孤独，雌雄分离，营独居生活方式。往往以跳跃方式行进。

环境　干旱灌丛草原区一直到湿润森林地区都有分布，其栖息地海拔为3000～5200米，常活动在高山针叶林、灌丛与多裸石的碎石山坡中。

03
—

中华斑羚
Naemorhedus griseus

偶蹄目　Artiodactyla
牛科　Bovidae

特征　体形大小如山羊，无胡须。体长100～130厘米，肩高约70厘米，体重40～50千克。眼大，耳朵较长；雌雄均具黑色短而直的角，角长12～20厘米，横切面呈圆形；上体棕褐，喉部白色。

习性　典型的林栖动物，生活于针阔混交林和陡峭岩壁附近，单独或成小群生活；多在晨昏觅食活动，极善于跳跃、攀登，在悬崖绝壁和深山幽谷间奔走如履平川。

环境　本区分布于海拔2000～4000米的针阔混交林和陡峭岩壁附近。

01

—

中华鬣羚
Capricornis milneedwardsii

偶蹄目　Artiodactyla
牛科　Bovidae

特征　也叫苏门羚，体形明显比斑羚大，颈背有鬣毛。体长 140 ~ 150 厘米，肩高 70 ~ 90 厘米，体重 50 ~ 100 千克。雌雄差异不大，均有一对短而尖的角，耳长似驴，尾短小。全身毛色以黑色为主，杂以灰褐色，四肢由赤褐色向下转为黄褐色。

习性　性情较孤僻，雄兽单独活动，雌兽和幼仔成 4 ~ 5 只的小群活动；有较为固定的往来觅食小路、休息场所及排粪地点，平时或出没于悬崖绝壁之间，或隐身于密林之中。

环境　本区分布于海拔 2500 ~ 4000 米的针阔混交林、针叶林、高大岩石峭壁附近。

02

—

岩羊
Pseudois nayaur

偶蹄目　Artiodactyla
牛科　Bovidae

特征　中等体形，体长 110 ~ 160 厘米，肩高 75 ~ 90 厘米，体重 25 ~ 80 千克。雄兽比雌兽大；眼大，耳小，下无须；雌雄均具角，雄性角大，向后外侧弯曲，外表具不明显的横棱；体背面为棕灰或石板灰色，与岩石的颜色极相近，腹面及四肢内侧白色，四肢前面为黑色。

习性　结群活动，冬季更会结成数百只的大群；白天活动，常有 1 只或几只公羊立于高处突出的岩石上望，由于毛色与岩石极相近，不易发现。

环境　本区分布于海拔 4000 ~ 5500 米的高山流石滩和高山草甸附近。

03

—

水鹿
Rusa unicolor

偶蹄目　Artiodactyla
鹿科　Cervidae

特征　体形较大，身长 140 ~ 260 厘米，肩高 120 ~ 140 厘米，体重 100 ~ 200 千克，最大的可达 300 千克。雄鹿长着粗长的三叉角，毛色呈浅棕色或黑褐色，颌下、腹部、四肢内侧、尾巴底下为黄白色。

习性　常集小群活动；夜行性，白天隐于林间休息，黄昏开始活动；喜欢在水边觅食，也常到水中浸泡，善游泳；性机警，善奔跑；以草、树叶、嫩枝、果实等为食。

环境　本区分布于支拉、雨崩等地海拔 3000 ~ 4000 米山谷溪流附近的密林中。

01a

01b

02a

02b

03

01
——
马鹿
Cervus elaphus

偶蹄目　Artiodactyla
鹿科　Cervidae

特征　大型鹿类，体形似骏马而得名，体形明显要比水鹿大；体长 160 ～ 250 厘米，肩高约 150 厘米，体重一般为 150 ～ 250 千克，雌兽比雄兽要小一些。

习性　平时常单独或成小群活动，群体成员包括雌兽和幼仔，成年雄兽则离群独居，或几只一起结伴活动。白天活动，特别是黎明前后活动频繁。

环境　海拔 3500 ～ 5000 米的高山灌丛草甸及冷杉林边缘。

02
——
毛冠鹿
Elaphodus cephalophus

偶蹄目　Artiodactyla
鹿科　Cervidae

特征　体形较小，体长约 100 厘米，肩高 69 厘米；雄兽角短，不分叉，几乎隐藏于额部的长毛中，短小的角尖微向后弯，雌鹿无角；耳阔圆，被有厚毛；雄兽上犬齿长，微向下弯，露出唇外。

习性　生性胆怯，反应敏捷，主要在晨昏活动于密林或山地灌丛。

环境　海拔 2500 ～ 4000 米的高山灌丛草甸及冷杉林边缘。

03
——
赤麂
Muntiacus vaginalis

偶蹄目　Artiodactyla
鹿科　Cervidae

特征　体长 90 ～ 150 厘米，体重 20 ～ 25 千克。脸部较为狭长，四肢细长；雄兽有角，角短而直，向后伸展，角基长，角尖向内弯，二尖相对；雌兽无角，但其额顶与雄兽生角相应部位微有突起，且着生特殊成束的黑毛。

习性　一种孤独活动的兽类，胆小谨慎，多在夜间或清晨、黄昏觅食，白天隐蔽在灌丛中休息，受惊时能发出极为响亮的类似狗吠的叫声。

环境　本区分布于海拔 2500 ～ 3500 米的针阔混交密林中。

04
——
野猪
Sus scrofa

偶蹄目　Artiodactyla
猪科　Suidae

特征　皮肤灰色，被粗糙的暗褐色或者黑色鬃毛所覆盖，猪崽带有条状花纹；耳尖而小，嘴尖而长，头和腹部较小，脚高而细；雄兽比雌兽体形大，且具有尖锐发达的牙齿。

习性　几乎全天活动，一般晨昏觅食，中午进入密林中躲避阳光，大多集群活动，一般 4 ～ 10 只成群，喜欢在泥水中洗浴。

环境　本区分布于海拔 2000 ～ 4000 米的密林、灌丛、农地等各种环境。

01
—
喜马拉雅小熊猫
Ailurus fulgens

食肉目　Carnivora
小熊猫科　Ailuridae

特征　体长 40 ~ 60 厘米，体重约 6 千克。全身呈红褐色，四肢呈棕黑色，体毛长而蓬松，尾粗，尾长超过体长之半，具 9 个棕黑与棕黄色相间的环纹，颇显著。

习性　通常独居，动作缓慢而显得笨拙，其实攀爬技术高超；以植物为主的杂食性，多食嫩叶、果实，有时也捕食小鸟和鸟蛋；中午和夜间睡眠。

环境　本区分布于海拔 2500 ~ 4000 米的混交林和针叶林。

02
—
欧亚水獭
Lutra lutra

食肉目　Carnivora
鼬科　Mustelidae

特征　体长约 60 ~ 80 厘米，体重可达 5 千克。耳短小而圆，尾细长，由基部至末端逐渐变细；四肢短，趾间具蹼；体毛较长而细密，呈棕黑色或咖啡色，具丝绢光泽。

习性　傍水而居，常独居，不成群；多居自然洞穴，常住在僻静堤岸有岩石隙缝或大树老根等通陆通水的洞穴。昼伏夜出，以鱼、鼠、蛙、蟹、水鸟等为食。

环境　本区分布于海拔 2000 米的澜沧江河谷沿岸。

03
—
香鼬
Mustela altaica

食肉目　Carnivora
鼬科　Mustelidae

特征　体长 20 ~ 28 厘米，尾长 11 ~ 15 厘米，体重 80 ~ 350 克。躯体细长，颈部较长；四肢较短；一般尾长不及体长的一半，尾毛比体毛长，略蓬松；夏季毛棕褐色，冬毛黄褐色。

习性　大多单独活动于灌丛、草坡、洞穴、岩石缝隙、乱石堆等处。栖息海拔可达 4500 米；昼夜均活动，以晨昏活动更为频繁；主要以鼠类为食，也常利用鼠类的洞穴为巢。

环境　本区分布于海拔 3000 ~ 4500 米的高山针叶林或混交林林下。

04
—
黄喉貂
Martes flavigula

食肉目　Carnivora
鼬科　Mustelidae

特征　体长 45 ~ 65 厘米，尾长 40 ~ 65 厘米，体重 2 ~ 3 千克。因前胸部具有明显的黄橙色喉斑而得名；耳短而圆，体形细长，大小如小狐狸。

习性　大多居于树洞中，常单独或成对活动，行动快速而敏捷，具有高强的爬树本领，常捕食在树上活动的松鼠、鼯鼠、雉类，还可合群捕杀林麝、斑羚等中型或大型兽类。

环境　本区分布于海拔 2500 ~ 4500 米的高山针叶林或混交林林下。

01

02

03

04

01

—

黄鼬
Mustela sibirica

食肉目　Carnivora
鼬科　Mustelidae

特征　体长 25 ～ 39 厘米，尾长 14 ～ 18 厘米，雌兽比雄兽小 1/3。体形细长，四肢短、颈长、头小，尾长约为体长的一半；背部毛棕褐色或棕黄色，吻端和颜面部深褐色。

习性　多夜间单独活动，食性杂，以鼠类为主食，也吃鸟卵及幼雏、鱼、蛙和昆虫；在村庄附近也会夜间偷袭家禽；居于石洞、树洞或倒木下。

环境　本区分布于海拔 2000 ～ 4500 米的各种环境中。

02

—

猪獾
Arctonyx collaris

食肉目　Carnivora
鼬科　Mustelidae

特征　体长 62 ～ 74 厘米，尾长 9 ～ 22 厘米，鼻吻狭长而圆，吻端与猪鼻似。鼻垫与上唇间裸露无毛；从前额到额顶中央，有一条短宽的白色条纹；两颊在眼下各具一条污白色条纹。

习性　穴居，夜行性，性情凶猛；受到敌害时会发出吼声，能挺立前半身以牙和利爪作猛烈的回击；能游泳；视觉差，嗅觉灵敏，以鼻翻掘泥土；有冬眠习性，杂食性。

环境　本区分布于海拔 2000 ～ 4000 米的混交林、针叶林、草甸、灌丛、农地附近。

03

—

花面狸
Paguma larvata

食肉目　Carnivora
灵猫科　Viverridae

特征　体长 48 ～ 50 厘米，尾长 37 ～ 41 厘米。体色为黄灰褐色，头部色较黑，由额头至鼻梁有一条明显的白带，眼下及耳下具白斑，背部毛灰棕色；头后、肩、四肢末端及尾巴后半部为黑色，四肢短壮。

习性　多夜间单独活动，食性杂，吃果实、小鸟、昆虫等。

环境　本区分布于海拔 2000 ～ 3500 米的阔叶或针阔混交林。

04

—

亚洲黑熊
Ursus thibetanus

食肉目　Carnivora
熊科　Ursidae

特征　头体长 120 ～ 180 厘米，尾长 6 ～ 10 厘米，雄性体重 110 ～ 150 千克，雌性体重 65 ～ 90 千克，母熊体形一般为公熊一半。头部两侧长有鬃毛，体毛粗密，胸前有一明显的白色或黄白色月牙形斑纹。

习性　杂食性，喜欢浆果、坚果、蜂蜜，也食昆虫、蛙、鱼及腐肉，偶尔也闯入村庄捕食家畜；多夜行，白天躲在树洞或岩洞中休息；善游泳和爬树，能长时间依靠后腿站立，并利用前爪攻击对手或获取食物；有冬眠习性。一般都远离人类，只有感到威胁或保护幼仔时才会袭击人。

环境　本区分布于海拔 2500 ～ 4500 米的针阔混交林和针叶林、草甸、流石滩。

01
—

棕熊西藏亚种
Ursus arctos pruinosus

食肉目　Carnivora
熊科　Ursidae

特征　本区棕熊为西藏亚种，也叫藏马熊。体重 150 ~ 170 千克，体长 1.3 ~ 2.5 米。头宽而吻尖长，耳壳圆，肩高超过臀高，站立时肩部隆起，尾短，四肢粗壮，毛色变异较大，有棕褐色、褐黑色、污白色、褐黄色等。

习性　杂食性，主食鼠类、鼠兔、旱獭、鸟类，也吃植物嫩叶、浆果、坚果，性凶猛而力大，有冬眠习性。

环境　本区分布于海拔 3500 米以上的针阔混交林和针叶林、草甸、流石滩。

02
—

豹猫
Prionailurus bengalensis

食肉目　Carnivora
猫科　Felidae

特征　体形较小，略比家猫大，体长 36 ~ 90 厘米，尾长 15 ~ 37 厘米，体重 3 ~ 8 千克。全身背面体毛为浅棕色，布满棕褐色至淡褐色斑点，胸腹部及四肢内侧白色，尾背有褐斑点或半环，尾端黑色。

习性　穴多在树洞、土洞、石缝中；夜行性，晨昏活动较多，独栖或成对活动；主要以鼠类、兔类、蛙类、蜥蜴类、蛇类、鸟类等为食；擅爬树、游泳。

环境　本区分布于海拔 2000 ~ 4500 米的各种生境中。

03
—

猞猁
Lynx lynx

食肉目　Carnivora
猫科　Felidae

特征　外形似猫，但比猫大得多，体重 18 ~ 32 千克，体长 90 ~ 130 厘米。身体粗壮，四肢较长，尾极短粗，尾尖钝圆；耳尖上有明显的簇毛，毛色变异较大，有乳灰色、棕褐色、土黄褐色等多种色型。

习性　独居，善于攀爬及游泳，白天常躺在岩石上晒太阳，或为避风雨静躲树下；可在一处静卧几日，捕杀林麝、毛冠鹿等中小型有蹄类或马鸡等雉类，晨昏活动较频繁。

环境　本区分布于海拔 3500 米以上的针叶林、灌丛、草甸、岩壁、流石滩。

01
——

云豹
Neofelis nebulosa

食肉目　Carnivora
猫科　Felidae

特征　体长 70 ~ 106 厘米，尾长 70 ~ 90 厘米，雄性约重 23 千克，雌性约重 16 千克。四肢短而粗，尾几乎与身体等长，体色金黄色，并覆盖有大块的深色云状斑纹，因此被称作云豹。

习性　夜行性，爬树本领极强，主要在大树上活动，喜欢在树上守候猎物，待小型动物临近时，从树上跃下捕食，既能上树猎食猴子和小鸟，也能下地捕捉鼠、兔、鹿等动物。

环境　本区分布于海拔 2500 ~ 4000 米的针叶林和针阔混交林。

02
——

豹
Panthera pardus

食肉目　Carnivora
猫科　Felidae

特征　大型猫科动物，体长 100 ~ 150 厘米，尾长 80 ~ 120 厘米，体重 50 ~ 120 千克。全身颜色鲜亮，毛色棕黄，遍布黑色斑点和环纹，形成铜钱状斑纹，背部颜色较深，腹部为乳白色，雌雄毛色一致。

习性　栖息于针叶林和针阔混交林、草甸、灌丛；夜行性，爬树本领极强，白日卧在树上或草丛中、悬崖下、石洞中休息，夜晚出来游荡捕食；主食有蹄类动物。

环境　本区分布于海拔 2500 ~ 4500 米的针叶林和针阔混交林、草甸、灌丛。

03
——

雪豹
Panthera uncia

食肉目　Carnivora
猫科　Felidae

特征　大型猫科动物，因生活在雪线附近而得名。体长 110 ~ 130 厘米，体重 40 ~ 80 千克。尾粗长，略短或等于体长；全身灰白色，布满黑斑，头部黑斑小而密，背部、体侧及四肢外缘形成不规则的黑环。

习性　高原岩栖性动物，喜空旷多岩石的地方，夜行性，在晨昏活动最频繁；主食岩羊、盘羊等高原有蹄类，也猎食兔、旱獭、鼠类等动物。

环境　分布于海拔 2500 ~ 6000 米的针叶林和针阔混交林、草甸、高山裸岩。

01

狼
Canis lupus laniger

食肉目　Carnivora
犬科　Canidae

特征　本区狼为中国亚种，体形中等，体长 90 ~ 130 厘米，肩高 40 ~ 60 厘米，体重 20 ~ 40 千克。吻尖长，眼角微上挑；毛长而色淡，胸腹毛色较浅，面色苍白，耳朵、侧身和腿外侧的毛黄褐色。

习性　群居社会性动物，集群或单独活动，常组成狼群捕食有蹄类；食性杂，包括鼠、兔、鸟、两栖类、昆虫等。

环境　分布于海拔 3000 ~ 4500 米的针叶林和针阔混交林、草甸、灌丛。

02

赤狐
Vulpes vulpes

食肉目　Carnivora
犬科　Canidae

特征　体形最大、最常见的狐狸，体长 80 ~ 100 厘米，体重 4 ~ 6 千克，尾长略超过体长之半。毛色因季节和地区不同而有较大变异，尾尖白色，耳背黑色，四肢外侧黑色延伸至足面。

习性　一般独自栖息，通常夜里出来活动，白天隐蔽在洞中睡觉，在荒僻地有时白天也会出来寻找食物。

环境　分布于海拔 3000 ~ 4500 米的针叶林和针阔混交林、草甸、灌丛。

03

猕猴
Macaca mulatta

灵长目　Primates
猴科　Cercopithecidae

特征　中国常见猴类，体长 51 ~ 63 厘米，尾长 20 ~ 32 厘米，体重 4 ~ 12 千克。头部呈棕色，背上部棕灰或棕黄色，下部橙黄或橙红色，腹面淡灰黄色，不同地区和个体间体色往往有差异。

习性　群居性，一般都有十数头或数十头集群生活；以树叶、嫩枝等为食，也吃雏鸟、鸟蛋、昆虫，甚至蚯蚓、白蚁等。

环境　分布于海拔 3000 ~ 4000 米的针叶林和针阔混交林边缘。

03 一
共
生

Symbiosis

共生

　　梅里雪山地处云南和西藏交界处，属横断山区的核心部分，其东坡位于云南省迪庆州德钦县境内。梅里雪山是澜沧江与怒江的分水岭，属怒山北段，北与西藏自治区的阿东格尼山相连，南接云南省贡山县境内的碧罗雪山，最高海拔为6740米的云南省第一高峰——卡瓦格博峰，最低海拔为2020米的澜沧江江面，相对高差4720米，形成了壮观的梅里大峡谷。

　　特殊的地理位置造就了梅里雪山特殊的地质地貌、气候、水文、生物多样性特征。梅里雪山分布有世界上罕见的低纬度、高海拔季风海洋性现代冰川，包括明永、斯农、纽巴和浓松等著名冰川。明永冰川从卡瓦格博雪峰呈弧形向下铺展至海拔约2600米的森林地带，绵延11.7千米，平均宽度500米，是我国纬度最南、冰舌下延最低的现代冰川。

　　梅里雪山植被垂直带保存完整，巨大的海拔梯度和多变的地理环境为多种生态系统提供了条件，使该地区成为横断山脉乃至世界上生态系统保持最完整、生物多样性最丰富的重要地区之一。这里分布有干暖河谷灌草丛生态系统、中

秋韵 摄/林森

山和亚高山针阔叶混交林生态系统、亚高山针叶林生态系统、亚高山灌丛生态系统、亚高山草甸生态系统、高山草甸生态系统、高山流石滩生态系统等。其中，亚高山针叶林生态系统主要由丽江云杉林和长苞冷杉林组成，是滇西北地区保存最为完好的自然生态系统之一。森林生态系统对维持梅里雪山整体生态系统稳定和平衡，调节区域气候起着非常重要的作用。

1 干暖河谷灌草丛生态系统（海拔2400米以下）

自印度洋方向吹来的西南暖湿气流，遇到南北走向的横断山脉后，在山脉背风面的河谷产生"焚风效应"：当西南暖湿气流沿着梅里雪山西侧的迎风坡上升，水汽凝结形成降水；之后气流翻越梅里雪山山脊，又沿背风坡下沉，气压升高，温度上升，湿度降低；气流来到山脚的澜沧江河谷底部时，空气就变得又干又热，这也是干热河谷形成的根本原因。但由于梅里段澜沧江河谷海拔超过2000米，相比于其他地区的干热河谷，这里的日照时数、平均气温都较低，因而属于干暖河谷气候。

这里最典型的原生植物是白刺花、小叶羊蹄甲等干旱区植物，还有大量逸生的外来植物，如一百多年前西方传教士带来的仙人掌。特别难得一见的是在布村澜沧江桥附近，生长着一片干香柏林，数量有上百株，最大的直径超过 2 米，高达 25 米以上，极其壮观！这一群落因是当地的圣林而未遭破坏。通过这片残存的原始林，可以想象澜沧江河谷在受人类开发之前，这样的高大柏树林可能是普遍存在的。

梅里澜沧江江段一直有水獭（欧亚水獭）的目击记录，当地村民时常目击它们在江边的乱石堆中出没觅食。温暖的河谷灌丛和乱石堆是这一带爬行类动物的栖息地，这里生活着王锦蛇（德钦）亚种、黑眉锦蛇、草绿攀蜥等。树麻雀、山麻雀和黄臀鹎、喜鹊是这里的常见鸟；农田周围可见雉鸡；干燥的河谷岩壁上，有岩

赤腹松鼠　绘／翁哲

针叶硬阔叶混交林带　摄／林森

燕和白腰雨燕在此筑巢。河谷村边的核桃树上能见到齿腹松鼠和北树鼩。

2 中山和亚高山针阔叶混交林生态系统（海拔 2400 ~ 3500 米）

针阔混交林是梅里雪山植物物种多样性最为丰富的地带，分布在海拔 2400 ~ 3000 米，有红豆杉、澜沧黄杉、台湾杉、篦子三尖杉、云南榧树、长喙厚朴、滇藏玉兰、水青树等珍稀植物。其中，云南红豆杉是国家一级保护植物，分布在海拔 2600 ~ 2900 米的地区；云南红豆杉、石楠群落是该区域最需要保护的针阔混交

林群落。澜沧黄杉林群落主要分布于明永冰川和斯农冰川海拔 2600 ~ 2900 米的潮湿区域，群落的高度为 25 米，对整个区域生态系统的稳定有着举足轻重的作用。梅里雪山地区的硬叶常绿阔叶林主要包括川滇高山栎群系和黄背栎群系。川滇高山栎分布在海拔 2500 ~ 3000 米，黄背栎分布海拔为 3000 ~ 3500 米。硬叶高山栎林是多种鸟类及和哺乳类的栖息场，具有极高的生态服务功能，也是松茸的主要生境。

本区域面积广大茂密的华山松、高山松等针叶树的球果为众多野生动物提供丰富食物。松鸦、星鸦、红交嘴雀、白斑翅拟蜡嘴雀等都是吃松籽的高手，还有一种更有名的吃松籽鸟类

寒温性针阔叶林　摄／林森

针叶硬叶混交林　摄／林森

是大紫胸鹦鹉，这种全世界分布纬度最北的鹦鹉，秋冬季时常集大群活动。本区域小型林鸟类常见种有：棕臀凤鹛、白领凤鹛、小虎斑地鸫、黄腹啄花鸟、黑冠山雀、褐冠山雀、柳莺、栗臀鳾、旋木雀、棕胸岩鹨、灰头鸫、大噪鹛、橙翅噪鹛等；林下则有几种雉类分布：白马鸡、白腹锦鸡、红腹角雉、血雉、雉鸡、勺鸡等。针阔混交林也为多种兽类提供食物，如珀氏长吻松鼠、高原兔、斑羚、鬣羚、毛冠鹿、野猪、水鹿、猕猴。另外，黄喉貂、香鼬、小熊猫、豹猫、黑熊也时常出现在这个区域。

3 亚高山针叶林生态系统（海拔 3500 ～ 4200 米）

本区的亚高山针叶林主要包括云冷杉林及少量零星分布的落叶松林，是该区域保存相对完整的自然林之一。该群落主要优势种是冷杉属和云杉属的种类，包括长苞冷杉、急尖长苞冷杉、川滇冷杉、丽江云杉和油麦吊云杉等。本区海拔 3600 米以下针叶林的主要树种为云杉，3600 米以上则多是冷杉，镶嵌在云杉、冷杉林中的还有高山松、南方红杉、怒江红杉等树种。

云冷杉林地面厚厚的苔藓和腐木是栗背岩鹨喜爱的觅食地，也是多种鸫类的繁殖地，橙胸姬鹟、灰蓝姬鹟、小仙鹟都在这里繁殖；雪鸽、曙红朱雀、斑翅朱雀、点翅朱雀、红眉松雀、大紫胸鹦鹉、蓝额红尾鸲、白喉红尾鸲、棕腹啄木鸟和多种山雀都栖息于这片森林。镶嵌在针叶林中的林窗和小片亚高山草甸也是红尾水鸲、白顶溪鸲、河乌、褐河乌、山雀、栗臀

鹛、旋木雀等鸟类最喜爱的栖息地。针叶林还是灰头小鼯鼠、黑熊、林麝、马麝、斑羚、鬣羚、毛冠鹿、野猪、水鹿、猕猴、小熊猫的主要栖息地，尤其是在夏季，它们更喜欢高海拔的森林地带。

4 高山灌丛草甸流石滩生态系统（海拔 4200 米以上）

本区高山灌丛草甸流石滩生态系统分布于海拔 4200 米以上，是由高山灌丛、高山草甸、高山流石滩组成的高山复合体，这是梅里雪山景观最独特、特有种最丰富、脆弱程度最高的生态系统。梅里雪山高山生态系统能够指示全球气候变化，具有极高且独特的生物多样性，是许多稀有动植物的栖息地，十分具有科学研究价值。这里不仅是滇西北许多高山特有物种的富集区，也是澜沧江众多支流的水源供给地。

大紫胸鹦鹉　绘／翁哲

冷杉林 摄／林森

这里有非常丰富而独特的的高山植物，如张口杜鹃、宽钟杜鹃、革叶杜鹃、大白杜鹃、多变杜鹃、血红杜鹃、弯柱杜鹃等40多种杜鹃；接骨草、滇边大黄、心叶大黄、紫菀、梭沙韭、梭沙贝母、点地梅、马先蒿、豹子花、绿绒蒿、龙胆、鸦跖花、紫堇、葶苈等草本植物，极具科研和观赏价值。海拔4500米以上的流石滩区域生活着多种垂头菊、雪兔子、风毛菊、苞叶雪莲、贝母等。

高海拔的地区是很多特色鸟类的夏季繁殖地，比如黄喉雉鹑、金色林鸲、暗胸朱雀，而蓝大翅鸲、林岭雀、黑胸歌鸲、白喉针尾雨燕等鸟类甚至会在海拔5000米左右的流石滩区繁殖。许多猛禽也在这个区域觅食和繁殖，如胡兀鹫、金雕、雀鹰、普通鵟、高山兀鹫等。

蓝额红尾鸲　绘／翁哲

孔雀山　摄／林森

杜鹃　摄／林森

铁线莲　摄／林森

西南鸢尾 摄／林森

沙棘 摄／林森

04 行动

Actions

行动

1 梅里雪山的保护

藏族同胞在保护自然环境和生物多样性的同时，创造了独特的人与自然和谐共存的生态保护文化。作为藏区八大神山之一，梅里雪山是藏民顶礼膜拜的"神山"和藏传佛教的朝觐圣地。藏传佛教信徒围绕神山的转经活动已持续 700 多年。

1913 年，英国植物学家 F. 金敦·沃德（F. Kingdon Ward）在川、滇、藏三地交界处的横断山区，金沙江、澜沧江和怒江的三江流域，对水系、地质、地貌进行了考察。

1988 年，三江并流风景名胜区被国务院定为第二批国家级风景名胜区，属于三江并流核心区域的梅里雪山被正式纳入国家法律保护框架体系内，受到国务院 1985 年颁布的《风景名胜区管理暂行条例》的保护。

1993 年"三江并流"正式列入中国申报世界遗产的预备清单。

1998 年，云南省政府决定加快"三江并流"申报世界遗产的工作。经省委、省政府同意，云

徒步巡山中的管护人员　摄／魏建生

南省建设厅正式向中国联合国教科文组织全委会和国家建设部提出了申报申请。

1999 年，梅里雪山地区的森林资源都被纳入了国家天然林保护工程。

2002 年，经国务院批准，中国联合国教科文组织全委会、外交部、建设部联合发文同意"三江并流"成为当年中国唯一的世界遗产申报项目，并正式报送到联合国教科文组织世界遗产中心。同年，梅里雪山地区实施了退耕还林工程。

2002 年，清华大学协助云南省"三江办"（"三江并流"风景名胜区申报世界自然遗产办公室）完成编制了《三江并流世界自然遗产梅里雪山风景区总体管理规划》。

2003 年 7 月 2 日，第 27 届联合国教科文组织世界遗产大会以满足世界自然遗产全部四条标准，将云南"三江并流"列入《世界遗产名录》。"三江并流"是迄今中国最大的世界自然遗产，遗产地总面积 1.7 万平方千米，分由八个相互关联的片区组成。而梅里雪山和白马雪山保护区连片组成的"白马–梅里雪山片区"，则是这八个片区中的核心区域。

联合国教科文组织世界遗产中心对三江并流区域的评价这样写道：

三江并流是一个大型的自然系列遗产，反映了亚洲三条大江上游的特征，金沙江、澜沧江、怒江从北向南并行奔流，穿越峡谷。一些地段谷深 3000 米，两侧是冰雪覆盖，海拔达 6000 多米的山峰。形成了世界上罕见的"三山并列、三江并流"自然奇观。

该遗产由于展现了伴随印度板块亚欧板块碰撞、古特提斯洋闭合、喜马拉雅山脉及西藏高原隆升以来的地质历史而具有杰出价值。这

保护区监测业务培训　摄／张鹏万

些都是亚洲陆地演化的重大地质事件，而且仍在进行中。遗产地内多样的岩石类型记录了这些历史，此外，高山区域的喀斯特、花岗岩石峰和丹霞砂岩地貌在世界范围内都有极高的研究价值。

滇西北是中国生物多样性最丰富的地区之一，也是地球上生物多样性最丰富的地区之一。三江并流世界自然遗产地包含了横断山大部分的生境区。这一区域的地形和气候极具多样性，加之位于东亚、东南亚和西藏高原生物地理区的交汇处，同时还是动植物南北向迁移的廊道（特别是冰期），使这一区域高度保留了原有的自然特征，是众多珍稀和濒危动植物的重要栖息地，从科学研究、生态保护和美学意义等角度看，都具有突出价值，值得人类永久的珍视和保护。

1990 年至 2010 年期间，德钦县政府、云南省三江办、云南大学、云南省社会科学院、香格里拉高山植物园、昆明植物研究所、康耐尔大学、卡瓦格博文化社等机构和组织合作在梅里雪山地区开展了藏族文化、植被、重点物种、民族植物学、传统生计与可持续发展等方面的调查和调研，建立了相关数据库。

2015 年，梅里雪山明永冰川景区提质改造项目电瓶车建设项目竣工，进入试运营阶段，并撤消了运输游客的马队。这一项目的竣工使游客和香客停留时间缩短，二氧化碳排放量减少，从而更好地保护明永冰川的生态环境。此外，明永冰川景区、雨崩景区组织景区工作人员及时清运游客、香客和居民生活垃圾，当地群众也自发组织成立了"梅里雪山外转垃圾清理志愿服务队"和"梅里雪山野生动物保护巡

长线巡护中的马帮背影 摄／魏建生

巡护中清理徒步者留下的垃圾 摄／魏建生

逻志愿服务队"，为保护梅里雪山生物多样性打下坚实的工作基础。

2018年，云南省人民政府发布《云南省加强三江并流世界自然遗产地保护管理若干规定》，加快推进三江并流世界自然遗产地生态环境保护工作，所在州、市、县、区人民政府要严格控制三江并流遗产地内开发强度，防止过度开发建设。在三江并流遗产地内，除必须的保护设施和公共服务设施外，严禁增建其他工程设施。

梅里雪山生物多样性保护工作也按照《中华人民共和国森林法》等相关法律法规，对区域内群众建房所需的木材采伐进行严格管理，加强对林政违法行为的打击力度。同时，建立完成护林员巡山制度，强化护林员巡山监管工作，加强天然林的保护。景区对进入梅雪里山国家公园的旅客、香客和村民严格管控火源，切实做好森林防火工作，保护好梅里雪山的生态环境。

德钦县林业局采取宣传教育、正面引导等方式，不断加大野生动植物资源保护力度，积极在全社会营造保护野生动植物资源的氛围。以"推动绿色发展，促进人与自然和谐共生"为主题，以"野生动物保护日""世界湿地日""保护母亲河，建设美丽家园""爱鸟周""野生动物保护月"等活动为契机，大力开展宣传活动。借助各类宣传活动，选派优秀的宣传人员采取通俗易懂的地方语言开展集中宣讲、现场解答、播放宣传广播等方式向辖区群众宣传野生动植物保护知识及相关法规政策。同时，利用公益广告、电子显示屏播放宣传标语、发放宣传册等方式做到宣传全覆盖，呼吁广大人民群众抵制加工、销售、非法经营、食用野生动物及其制品，深刻反思食用"野味"的危害及造成的不良影响，广泛宣传《中华人民共和国野生动物保护法》及相关法律、法规知识。各

野外观测数据收集 摄／张鹏万

级各类学校通过校园广播、黑板报等宣传形式，号召学生争做保护野生动物宣传员和森林小卫士。

以基层林业站为牵头单位，组织人力深入林区集中开展非法猎捕野生动物和滥伐野生植物大排查活动，集中对辖区饭店、菜市场等进行突击检查，对非法收购野生动植物的行为进行清理排查，从源头上有效遏制乱捕乱猎野生动物、乱砍滥伐野生植物的行为。近年来，德钦县破获多起非法捕猎、售卖野生动物刑事案件，共收缴林麝、斑羚、鬣羚、野猪、勺鸡死体若干、麝香、熊胆、象牙制品、猕猴、水鹿制品等；还办理了数十起林政案件，对相关责任人处林业行政罚款。通过有效打击一批破坏野生动物案件，在全社会范围形成了有效震慑和警示。

落实点面联动、上下互联互通工作机制，坚持"发现一起就立即报告一起"的属地管理报告制度。通过设立警示牌，不断夯实工作责任，形成乡（镇）级负总责，相关单位、村"两委"分区域抓的工作格局。对发现的问题和隐患做到严查重处，确保辖区各林区野生动植物保护工作有序开展。

野外收集红外相机监测数据　摄／魏建生

野外救助　摄／张鹏万

销毁巡山中收缴的偷猎套索　摄／张鹏万

2 梅里雪山自然观察路线

2.1 植物

路线 A 西当—雨崩线

梅里雪山是三江并流世界自然遗产地的核心区域，是世界生物多样性最富集的地区之一，而雨崩村则是梅里雪山植物最丰富的区域之一。雨崩坐落于梅里主峰卡瓦格博峰脚下，与世隔绝的环境使这里保持了生态的原生性。由德钦县城或飞来寺到雨崩村，可安排 2 ～ 3 天的旅程。先乘车过布村大桥抵达山脚的西当村，全程 45 千米，车程约一小时。这里受焚风效应的影响，属于亚热带干旱小叶灌丛地带（1900 ～ 2500 米），路边的灌木有白刺花、小叶羊蹄甲等。尤其难得的是布村澜沧江边一片高大的侧柏和干香柏乔木林，蔚为壮观，是这一带河谷原生乔木林的典型遗存。

从西当温泉可以徒步进入雨崩村，路程约 20 千米，徒步需 6 ～ 8 小时，中途翻越海拔 3600 米的南宗垭口。这一路上坡是典型的植被带垂直分布，海拔 2500 ～ 3100 米段从河谷暖温性半干旱灌丛过渡到半湿润针阔混交林。这里分布着大面积的云南松与华山松混交林，达喜顶至南宗垭口则分布连片的高山栎与帽斗栎，以及少脉槭、槭树、澜沧黄杉、云杉等为主的针阔叶混交林。

雨崩村海拔约 3000 米，澜沧江峡谷的暖热气流沿山谷上到雨崩，而来自梅里主峰方向的冷空气又下沉到 U 形山谷，冷暖气流在雨崩村交汇，使这里成为半湿润针阔叶树种与寒温性针阔叶树种交汇的地带。以雨崩村为营地，向

周边的雨崩瀑布、笑农登山大本营两侧可做 2 ～ 3 日的高山野生植物观赏考察。前往雨崩神瀑单程约 8 千米，往返徒步 4 ～ 5 小时，海拔从 3000 米上升至 4000 米。前往笑农大本营单程 12 千米，徒步 3 ～ 4 小时，大本营海拔 3980 米。从大本营前往冰湖路程约 3 千米，徒步约 1 小时，冰湖海拔 4250 米。河谷里乔木主要是高山杨、高山柳、沙棘、红桦、白桦、花楸、异叶海桐等。海拔 3100 ～ 3600 米的森林树种以云杉为主，3600 ～ 4200 米则以冷杉为主。

路线 B 斯农线

在梅里雪山众多的冰川中，斯农冰川体量仅次于明永冰川，是梅里雪山的第二大冰川。斯农冰川是梅里主峰卡瓦格博与兵玛扎拉吾堆峰之间的一条季风海洋性现代山岳冰川，因山脚下的斯农村而得名。斯农冰川山谷与雨崩类似，但因坡度更加陡峭，植被垂直分布更加明显。迅速上升的山体引导澜沧江的热气流极速上升，而斯农冰川冷湿气流急剧下降，经常在海拔 2700 ～ 3100 米之间的山麓形成锋面，斯农山谷的湿度要比雨崩更高，植物生长更加茂密旺盛，是梅里雪山地区观赏高山野生植物的绝佳去处。

从德钦县城前往斯农，可乘车经布村过澜沧江，溯江而上抵达斯农村，全程 50 千米，约 1.5 小时车程。斯农村是前往斯农冰川的大本营，必须在这里雇用马匹和向导。从斯农到冰川冰舌下的央塘牧场路程约 20 千米，徒步或骑马需 6 ～ 7 小时。斯农村海拔 2300 米，是典型的干暖河谷，从斯农到噶破约 6 千米，噶破

海拔 2700 米，属于典型的亚热带干旱小叶灌丛地带。从噶破至恰纳牧场路程 7 ~ 8 千米，海拔上升到 3200 米，植被明显为半湿润针阔叶林带，云南红豆杉、青荚叶与林下的云南大百合是这一带的明星物种。

从恰纳牧场前往央塘牧场需要沿冰川冲积侧脊行进约 5 千米，山高坡陡。央塘牧场海拔 3850 米，坐落在冰舌脚下，这里属于寒温性针叶林带，山谷两侧冷杉密集、巨大的冰川插入林缘，蔚为壮观。可以以牧场为中心在四周赏花，这里云集了多变杜鹃、血红杜鹃、金黄杜鹃、岩须等群落。典型的高山植物有各种乌头、鸦跖花、绿绒蒿、紫堇、葶苈、心叶大黄、紫菀、龙胆、报春、马先蒿、鸢尾、梭沙韭、灯心草、豹子花等。

路线 C　德钦—贡山线

这条路线全程沿德钦到贡山的公路行进，途中翻越梅里雪山南部区域，到达云南怒江傈僳族自治州贡山独龙族怒族自治县（以下简称贡山县），是一条绝佳的生态旅行路线。从德钦县城出发，乘车顺澜沧江南下抵达永芝村，这一带都是澜沧江干暖河谷，植被属于亚热带干旱小叶灌丛（海拔 1900 ~ 2500 米）。过永芝村后沿德贡公路开始翻越梅里雪山，海拔逐渐从 2500 上升到 3500 米，植被从暖温性半干旱灌丛过渡到半湿润针阔叶林。到海拔 3500 ~ 4200 米，则变为寒温性针叶林，3600 米以下树种以云杉为主，3600 米以上则多是冷杉。云杉主要有油麦吊云杉、丽江云杉、林芝云杉；冷杉主要有长苞冷杉、急尖长苞云杉等。镶嵌在云杉

梅里雪山植物观察路线

冷杉林中的还有高山松、南方红杉、怒江红杉等。

5～7月，这里便成了高山花卉的海洋！这里分布有40多个杜鹃品种，以及多种点地梅、报春花等草本植物。海拔4100米以上已无乔木，但是高山灌丛草甸、流石滩植被极为壮观。

2.2 鸟类/兽类

路线A 西当—南宗垭口

梅里雪山地区的野生鸟类与哺乳类动物种类也随着的海拔变化而变化，不同的海拔和生境能找到不同的物种。澜沧江边干暖河谷地区是最适合人类居住的生境，集中了梅里雪山地区大部分的村庄。树麻雀、山麻雀和黄臀鹎是这里的常见鸟，从澜沧江边的西当村开始登山，经过南宗垭口再下山至雨崩村的山路是一条著名的徒步路线，也是很好的鸟兽观察路线。

西当村坐落于干暖河谷中，这里的干燥岩壁上，有白腰雨燕筑巢。村子附近的华山松针叶林下是观察白腹锦鸡的好地方，清晨和傍晚是白腹锦鸡觅食的高峰，看见它们的机率会高。上山道路两侧的针阔混交林里，最活跃的小鸟是成群结队的黑眉长尾山雀，林下灌丛里常见白眉雀鹛。随着海拔升高，最容易看见吵闹的小鸟有黑冠山雀、褐冠山雀和柳莺等，它们在树林的中上层活动，栗臀鳾与旋木雀在树干的苔藓里觅食，灌丛和地面上能看见棕胸岩鹨。如果在森林里看见体形较大的鸟，很可能是灰头鸫。

这个区域也有很多食草动物，比如斑羚、毛冠鹿，但是想看见它们是相当有难度的。看到大片的栎树与茂盛的杜鹃灌丛时，意味着已经靠近南宗垭口的山顶区域了，珀氏长吻松鼠每天都会来木屋里偷吃酥油，周围的草甸空地上高原兔很常见。南宗垭口这片区域动物众多，有凶猛的黄喉貂、可爱的小熊猫，几种珍贵的雉类比如白马鸡、白腹锦鸡、红腹角雉、血雉等都能见到。每天清晨这些雉类甚至就在土路上活动，灌丛里最嘈杂的鸟群是大噪鹛和橙翅噪鹛，往往看见它们之前就能先听见它们吵闹的声音。垭口的开阔处可以远眺群山，能够清楚的看见卡瓦格博和澜沧江对岸的白马雪山，这里可以观察到飞行的猛禽，比如金雕、凤头蜂鹰、高山兀鹫、胡兀鹫等，在秋季节甚至还有迁徙前往纳帕海的黑鹳在这里盘旋。

路线B 雨崩村周围

雨崩村分上村和下村，两片区域各有不同的线路可以去寻找观赏鸟兽。上村周边地势平坦，在进入森林以前是大片的农田和草甸，旁边的山脚下是岩壁与灌丛，这里是猕猴活动的范围。每年春季的夜里，水鹿会下山到村庄附近的青稞地来偷吃麦苗。此外，这里也有很多野猪和其他有蹄类动物的活动痕迹。往高海拔森林里走，灰头小鼯鼠喜欢利用大树的树洞做窝，河流两边很容易发现红尾水鸲和白顶溪鸲，它们甚至把巢筑在村民的木屋屋檐下。河乌和褐河乌会在河水里潜泳寻找食物。各种山雀、栗臀鳾、旋木雀和灰眉岩鹀是这一带的常见鸟。在通往更高海拔牧场和冰川的路上，偶尔会发现黑熊和马麝的踪影。4000米以上高海拔的地区是很多特色鸟的夏季繁殖地，比如金色林鸲、暗胸朱雀和斑胸短翅莺；而蓝大翅鸲、林岭雀和红胸朱雀甚至在海拔 5000 米左右的流石滩区繁殖。

从雨崩下村往低海拔走，可以观察大群的雪鸽来回飞翔，各种朱雀也喜欢这一带的向阳灌丛——曙红朱雀、斑翅朱雀、点翅朱雀、红眉松雀都有可能出现。下村一带在夏季可以看见小群的大紫胸鹦鹉嘈杂地飞过，并降落到半山的树顶寻找寄生植物的花蜜。下村有一片古老的沙棘森林，巨大的古树直径数米，这片开阔的沙棘森林是蓝额红尾鸲、白喉红尾鸲、棕腹啄木鸟和多种山雀最喜爱的森林。秋季，水榆花楸的果实是小熊猫最爱的食物，而春季山桃开花的时候，沙棘林中又能看见美丽的蓝喉

太阳鸟；下村的河流里还有一种相当罕见的小型哺乳动物——喜马拉雅水鼩。

路线 C　德钦—贡山线

从德钦到贡山的公路沿线是绝佳的鸟兽观察路线。澜沧江边有水獭活动，但是它们多是夜行性，需要一定运气和夜间观察设备才能一睹。河谷里干燥和风化破碎的岩壁上，有大群的岩燕在这里觅食，干燥的松树林里有雉鸡和勺鸡活动。河谷阔叶林里的鸟类有棕臀凤鹛、白领凤鹛、小虎斑地鸫、黄腹啄花鸟等，旋木雀当然也是此地的常客。这里的高山松和华山松树林非常茂盛，松果也养活着这片森林里的众多野生动物。较大型鸟类有松鸦和星鸦，以及美丽的大紫胸鹦鹉，时常能观察到集大群在天

梅里雪山鸟类 / 兽类观察路线

空翱翔。

　　进入高海拔的云杉和冷杉森林后，有厚厚的苔藓和腐木的地方可能能观察到栗背岩鹨觅食，森林里又是很多鸫类的繁殖地。河谷再往高海拔走有茂密的杜鹃灌丛和高山湖泊群，黑胸歌鸲在此繁殖，还有体形不小的白喉针尾雨燕经常掠过天际。这里也是黑熊、水鹿、猕猴、小熊猫的栖息地，不过看到它们你需要足够的耐心和运气。高海拔流石滩区在春季野花盛开，还很可能有一种虹雉分布，不过目前还没有确凿的目击证据，也许某天哪个幸运的自然爱好者能够有幸看见它。

　　观察鸟类与哺乳类最重要的设备是双筒望远镜，动物往往行踪隐蔽，而且有很好的保护色，只要判断是适合的生境，观察者就应该利用望远镜细心地搜寻，只需一点耐心和运气，就能有振奋人心的发现。

雨崩秋色　摄／林森

自然观察指南

1. 真菌

大型真菌具有丰富的物种多样性,虽具有发达的大型子实体,较易发现,但是种类分辨困难。首先选择合适的时机前往野外进行观察,雨后,大型真菌往往会大量出现。可利用纸笔记录日期、地点、外部形态、生境,重点关注周边植被的种类和生长情况,光照和湿度等环境条件。以伞菌为例,观察菌盖、菌褶、菌柄、菌托、菌环等形态特征。

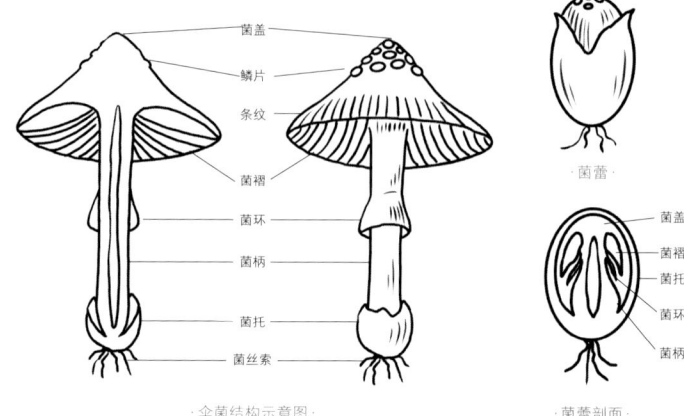

·伞菌结构示意图·   ·菌蕾剖面·

2. 植物

大部分植物花期在春季,果期在秋季。对于植物观察,我们一般选取正在开花或有果实的植物。观察植物需要关注植物的生活型(乔木、灌木、草本),茎、叶、花、果实等。可利用相机对这四大器官逐一观察和拍摄特写照片,并拍摄植株全身照。可利用纸笔记录日期、地点、植物形态、伴生种以及生活环境。

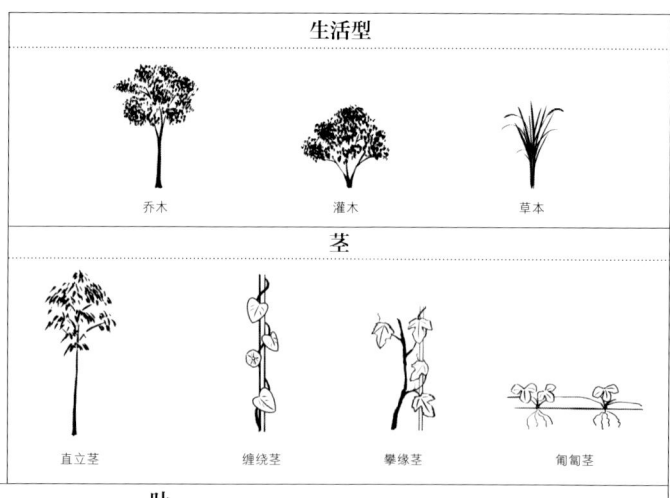

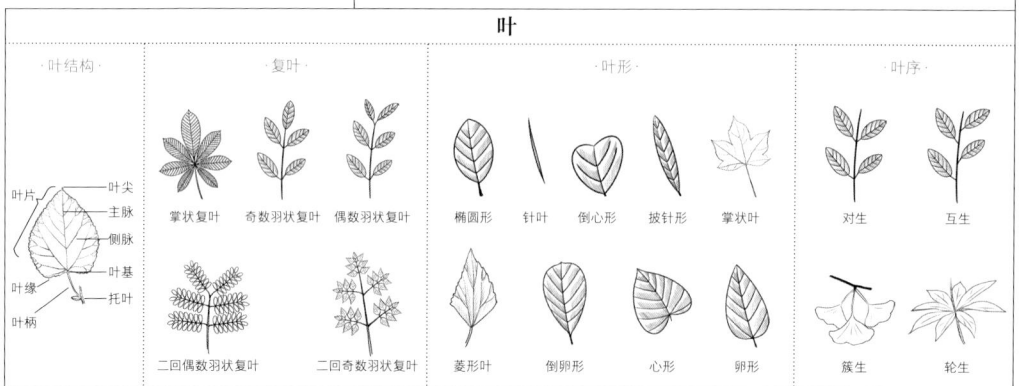

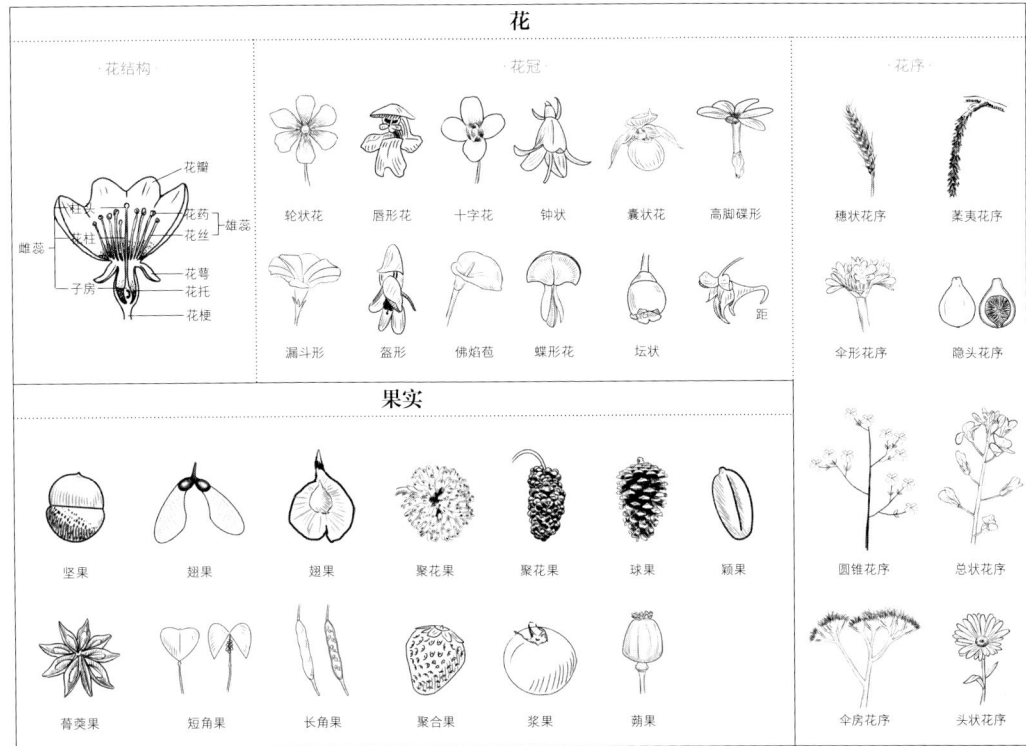

花

·花结构·

花瓣
花药
雄蕊
花丝
雌蕊
花柱
子房
花萼
花托
花梗

·花冠·

轮状花　唇形花　十字花　钟状　囊状花　高脚碟形

漏斗形　盔形　佛焰苞　蝶形花　坛状　距

·花序·

穗状花序　荑夷花序

伞形花序　隐头花序

圆锥花序　总状花序

伞房花序　头状花序

果实

坚果　翅果　翅果　聚花果　聚花果　球果　颖果

蓇葖果　短角果　长角果　聚合果　浆果　蒴果

3. 昆虫

森林和淡水水域都是生机盎然的昆虫世界。观察昆虫的活动需要心平气和，放慢脚步，切忌打闹嬉戏。对于昆虫的观察，首先关注整体，是否具有 6 只脚和头、胸、腹三部分构造，其次关注昆虫的体形大小、外部特征与斑纹、鸣叫声、翅膀构造、飞行方式、移动方式和食物等。可利用相机、闪光灯和三脚架来拍摄昆虫以及它们生活的环境。夜间可利用 LED 手电来观察昆虫，手电也可作为夜间拍摄昆虫的对焦辅助灯。为方便读者理解观察手册中的常见术语，我们选取了鞘翅目（锹甲）、半翅目（蝉）和直翅目（螽斯）作为代表供读者参考。

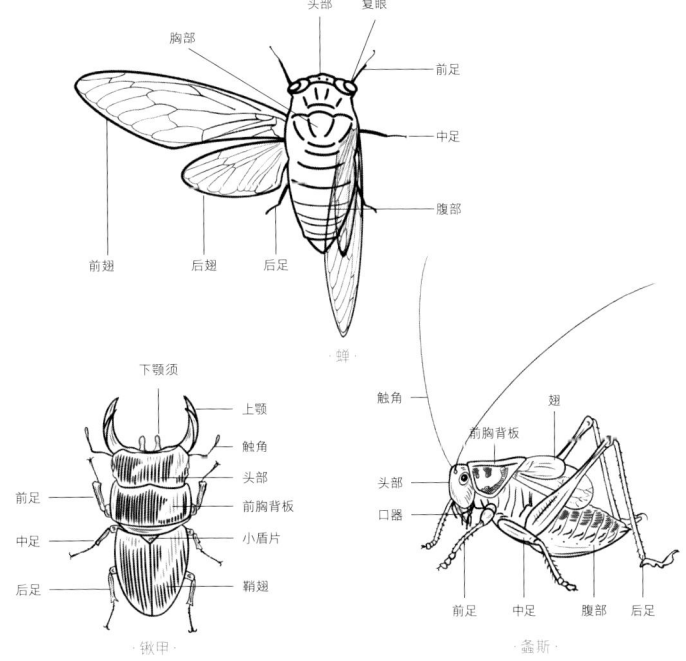

头部　复眼

胸部

前足

中足

腹部

前翅　后翅　后足

·蝉·

下颚须

上颚
触角
头部
前胸背板

前足

中足

后足

小盾片

鞘翅

·锹甲·

触角　翅

前胸背板

头部
口器

前足　中足　腹部　后足

·螽斯·

4. 两栖动物与爬行动物

两栖动物及爬行动物的活动是隐秘而有规律的，要想观察到它们除了要有良好的视力之外还需有丰富的经验和运气。白天可见的主要是蜥蜴和一部分蛇类，仔细观察路面、石碓等环境就可能见到。夜里，依靠手电或头灯的光亮，在静水坑塘、排水沟附近以及溪流中搜寻，可以发现蛙类、蟾蜍等。观察两栖和爬行动物需要关注体形、外形特征、身体颜色和出没地点等。为方便读者理解观察手册中的常见术语，我们在两栖类中选取了有尾目（大鲵）和无尾目（黑斑侧褶蛙、中华蟾蜍），在爬行类中选取有鳞目的蜥蜴亚目（蓝尾石龙子、无蹼壁虎、丽纹龙蜥）和蛇亚目（黑眉晨蛇、短尾蝮）作为代表供读者参考。

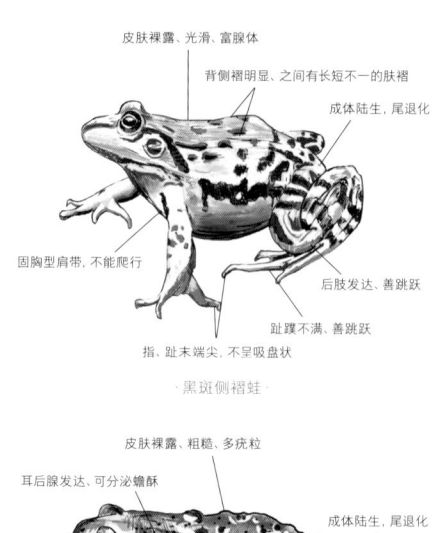

皮肤裸露、光滑、富腺体
背侧褶明显、之间有长短不一的肤褶
成体陆生，尾退化
固胸型肩带，不能爬行
后肢发达、善跳跃
趾蹼不满、善跳跃
指、趾末端尖、不呈吸盘状

·黑斑侧褶蛙·

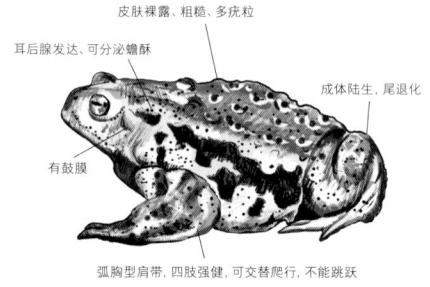

皮肤裸露、粗糙、多疣粒
耳后腺发达、可分泌蟾酥
成体陆生，尾退化
有鼓膜
弧胸型肩带，四肢强健，可交替爬行，不能跳跃

·中华蟾蜍·

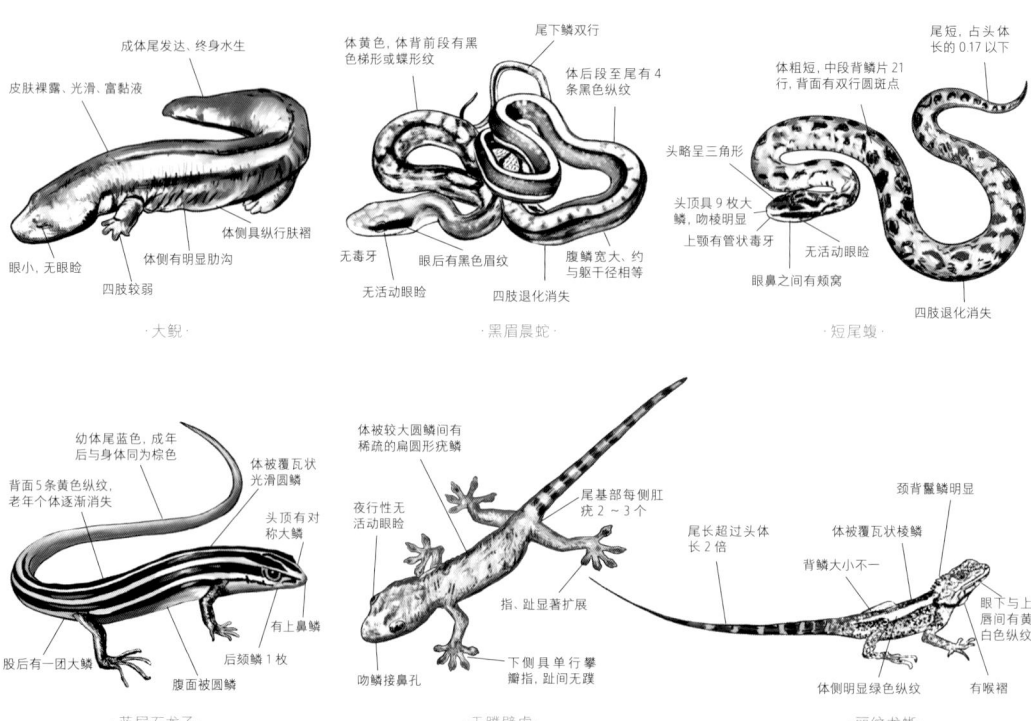

成体尾发达、终身水生
皮肤裸露、光滑、富黏液
眼小、无眼睑
四肢较弱
体侧具有纵行肤褶
体侧有明显肋沟

·大鲵·

体黄色、体背前段有黑色梯形或蝶形纹
尾下鳞双行
体后段至尾有4条黑色纵纹
无毒牙
眼后有黑色眉纹
无活动眼睑
腹鳞宽大、约与躯干径相等
四肢退化消失

·黑眉晨蛇·

尾短，占头体长的0.17以下
体粗短，中段背鳞片21行，背面有双行圆斑点
头略呈三角形
头顶具9枚大鳞，吻棱明显
上颌有管状毒牙
无活动眼睑
眼鼻之间有颊窝
四肢退化消失

·短尾蝮·

幼体尾蓝色，成年后与身体同为棕色
背面5条黄色纵纹，老年个体逐渐消失
体被覆瓦状光滑圆鳞
头顶有对称大鳞
有上鼻鳞
后颏鳞1枚
股后有一团大鳞
腹面被圆鳞

·蓝尾石龙子·

体被较大圆鳞间有稀疏的扁圆形疣鳞
夜行性无活动眼睑
指、趾显著扩展
吻鳞接鼻孔
下侧具单行攀瓣指，趾间无蹼

·无蹼壁虎·

尾基部每侧肛疣2～3个
尾长超过头体长2倍
颈背鬣鳞明显
体被覆瓦状棱鳞
背鳞大小不一
眼下与上唇间有黄白色纵纹
体侧明显绿色纵纹
有喉褶

·丽纹龙蜥·

5. 鸟类与哺乳动物

野外观察鸟类一般需要关注鸟的体形、外形特征、羽毛、喙、脚、鸣叫声和运动方式等。观察兽类时，白天可以使用望远镜，特别是草原、荒漠等开阔生境，也可以观鸟的同时在枝头看到各种松鼠。但夜里特别是森林中，望远镜是没用的，专门夜观兽类的话，一般开车沿公路行驶，用车灯、探照灯、强光手电等观察路面和树上的兽类眼睛反红光，再用肉眼观察或相机拍摄。也可以使用红外夜视仪寻找观察。为方便读者理解观察手册中的常见术语，我们选取雀形目鸟类作为代表供读者参考。由于野外观察兽类较为困难，我们绘制了常见观察手册中兽类的剪影，并附上部分足迹以供参考。

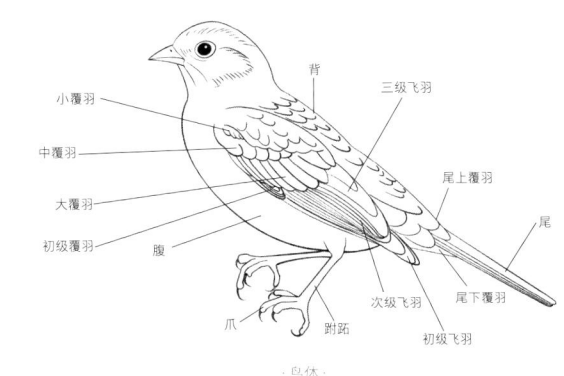

·鸟体·

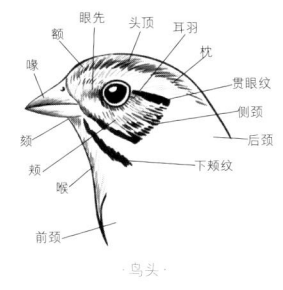

·鸟头·

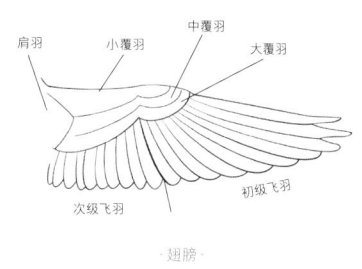

·翅膀·

| 40厘米 食蟹獴 5厘米 | 45厘米 黄喉貂 8厘米 | 50厘米 中国穿山甲 5厘米 | 60厘米 云猫 5厘米 | 70厘米 金猫 5厘米 | 70厘米 欧亚水獭 6厘米 |

| 75厘米 林麝 4厘米 | 55厘米 豹猫 3厘米 | 80厘米 赤狐 3厘米 | 100厘米 狼 4厘米 | 100厘米 赤麂 4厘米 | 120厘米 斑羚 5厘米 |

| 150厘米 鬣羚 8厘米 | 180厘米 亚洲黑熊 10厘米 | 230厘米 水鹿 8厘米 |

自然观察和生态旅游建议

本着尊重自然、当地民俗以及宗教信仰的态度，以及长久的维持当地生态系统原真性和完整性的初衷，有如下建议：

① 按照指定的区域或路线进行考察和游览，不进入非开放区或严格保护区域。

② 进入寺庙及道观等宗教场所参观时，请遵守相应的宗教习俗以及所在场所的规定。

③ 在社区游览时，尊重当地社区的风俗习惯和社区居民的合理意愿，避免给当地居民的生产、生活造成不便。

④ 爱护环境，旅途中产生的垃圾请投放至指定地点，尤其是在野外考察或游览时，严禁随意抛洒垃圾。

⑤ 发现野生动物时，保持足够的安静与必要的警惕，不追赶、哄打、投喂，维持安全的观赏距离。

⑥ 不购买野生动物制品，如皮毛、牙齿、头骨等，不食用野生动物。

⑦ 未经许可，不采集野生动植物标本，不采食或挖取野生植物。

⑧ 进行野外考察或游览时，应尽量避免携带宠物，如确需携带，应提前获得保护区许可。

野外安全警告

◎ 高原反应

部分路段海拔较高，山势陡峭，对体力要求较高。在行前应充分休息，避免过度劳累，并根据个人情况提前咨询听取医生的建议。

◎ 信号

梅里雪山山地内山高谷深，移动设备信号因山势阻挡一般难以覆盖，因此手机信号时有时无，应在行前做好规划，在有信号的地方处理好工作事务，并及时与家人、友人沟通，避免通信不便导致的不良影响。

◎ 自然灾害类

1. 火：梅里雪山地区林木茂盛，是重点森林防火区域，严禁野外用火。

2. 水：在行程出发前应及时查看目的地天气状况，尽量避免雨天进行野外考察和旅行；在河道附近旅行或戏水时，应注意观察河水流量、颜色以及周围声音的变化，防止强对流天气所造成的山洪，提前做好规避准备。

3. 地质灾害：在地势险峻处应注意观察落石、塌方、泥石流等风险，提前做好防范和预判，快速通过。

◎ 生物类

1. 真菌：部分真菌具有程度不一的毒性，在野外应避免采摘和食用。

2. 植物：部分植物长有勾刺，在行进过程中应注意防护；不攀爬陡峭危险区域，防止出现危及人身安全的情况发生；部分类植物茎叶的毛对皮肤有刺激性，皮肤接触后会导致不适，接触后会发生过敏反应，野外行进过程中也应注意防范。

3. 动物：梅里雪山部分地区有毒蛇分布，需特别注意，避免距离过近而造成危险。另外，夏秋季节，蚂蟥、蜱虫、牛虻、蜂也是经常遇到的有威胁动物；蚂蟥多生长在潮湿的环境下，如溪流边或湿度较大的草丛、低矮的灌木、竹林中，能跳跃，多在人或动物经过时，粘附于身体上吸取血液，由于分泌有麻醉剂和抗凝血素，其吸食多不引人注意，创口血流不止；蜱虫个体较小，多在草丛、林中活动，吸食人血，叮咬有痛感；牛虻相对较容易发现，注意防范时一般不会造成叮咬。

防范措施

① 野外活动时应穿长袖、长裤、长袜以及适宜户外运动的高帮平底登山鞋，裤脚、袖口尽量扎紧，以皮肤尽量不裸露为原则。

② 野外徒步行程出发前，应准备风油精、驱虫剂、创可贴、清凉油、医用酒精或碘伏、绷带、手电筒、口哨等防护用品。

③ 行进途中注意观察脚下，用登山杖或竹棍等打草惊蛇。

④ 喷涂驱虫剂、硫磺皂、清凉油、风油精等，可在短时段内防止蚊虫叮咬。

⑤ 经过蚂蟥、蜱虫出没地段时应及时检查清理鞋子、衣裤等，不在草丛茂密处以坐姿长时休息，短暂停歇后拍打衣物并相互检查。

⑥ 严禁野外宿营。

⑦ 蚂蟥或蜱虫叮咬后，不要硬拔，可在叮咬处滴肥皂液、风油精、食盐、酒、燃烧的香烟等驱离，具备条件的应对伤口用碘伏、酒精进行消毒，用压迫法止血，不能用创可贴，避免伤口溃脓；被马蜂蜇伤后，可用肥皂水、醋等涂抹伤口，严重者需及时送医；被毒蛇咬伤后，不要惊慌疾走，立即在伤口近心端 2～3 厘米处用绳带结扎，每 15 分钟左右放松 1 分钟，防止肢体缺血坏死，有条件的口服或外敷蛇药片，并尽早送医。

⑧ 遇到兽类，应缓慢退后，避免喊叫或者攻击动物；如突然遭到动物攻击，应选择有利地形以折线或曲线奔跑进行避让，奔跑时防止跌落或摔伤。

作者名录

◎文字

秘境: 彭建生　杨　涛

多样: 王　辰　彭建生　黄巍旭

　　　侯　勉　董　磊　徐　健　杨　涛

共生: 徐　健　杨　涛　彭建生

行动: 杨　涛　徐　健　彭建生　董　磊　木艳春　张鹏万

◎摄影

彭建生　杨　涛　林　森　董　磊　徐　健　侯　勉　邓建新　阙品甲

王　辰　范　毅　刘　晔　梁光毕　刘思阳　任　川　王　峰　王　剑

李　斌　刘小庚　向定乾　奚志农　李维东　张兴伟　吴秀山　王　放

甘　它　冯立民　王卜平　木艳春　张鹏万　魏建生　牛　洋

◎手绘

翁　哲

◎特别鸣谢

云南省迪庆藏族自治州林业和草原局、德钦县林业和草原局

图书在版编目（CIP）数据

中国自然保护区生态状况调查：自然中国志．梅里
雪山／彭建生主编．—长沙：湖南科学技术出版社，
2022.10

ISBN 978-7-5710-1885-6

Ⅰ．①中… Ⅱ．①彭… Ⅲ．①雪山－自然保护区－概
况－德钦县 Ⅳ．① S759.992

中国版本图书馆 CIP 数据核字 (2022) 第 202632 号

ZHONGGUO ZIRAN BAOHUQU SHENGTAI ZHUANGKUANG DIAOCHA
ZIRAN ZHONGGUOZHI · MEILI XUESHAN

中国自然保护区生态状况调查
自然中国志·梅里雪山

主　　编：彭建生
出　　品：北京地理全景知识产权管理有限责任公司
出 品 人：陈沂欢
出 版 人：潘晓山
策划编辑：杨　慧
责任编辑：李文瑶　林澧波
特约编辑：陈　莹　刘佳玥
责任美编：殷　健
装帧设计：李　川
图片编辑：田轩昂
地图编辑：程　远　彭　聪
特约印刷：焦文献
制　　版：北京美光设计制版有限公司
出版发行：湖南科学技术出版社
经　　销：新华书店
地　　址：长沙市开福区泊富国际金融中心 40 楼
网　　址：http://www.hnstp.com
湖南科学技术出版社天猫旗舰店网址：
　　　　　http://hnkjcbs.tmall.com
邮购联系：本社直销科 0731-84375808
印　　刷：北京华联印刷有限公司
开　　本：720 毫米 ×1000 毫米　1/16
字　　数：400 千字
印　　张：20.5
版　　次：2022 年 10 月第 1 版
印　　次：2022 年 10 月第 1 次印刷
书　　号：ISBN 978-7-5710-1885-6
定　　价：138.00 元